Imp. J. M AYET et Cie à Lons-le-Saunier.

DES
APPLICATIONS
DU
TÉLÉPHONE
ET DU
MICROPHONE
A LA
PHYSIOLOGIE & A LA CLINIQUE

PAR LE

Dr M. BOUDET DE PARIS

Ex-interne des Hôpitaux.

PARIS

LIBRAIRIE DES SCIENCES MÉDICALES

Vve FRÉDÉRIC HENRY

13, Rue de l'Ecole de Médecine, 13

1880

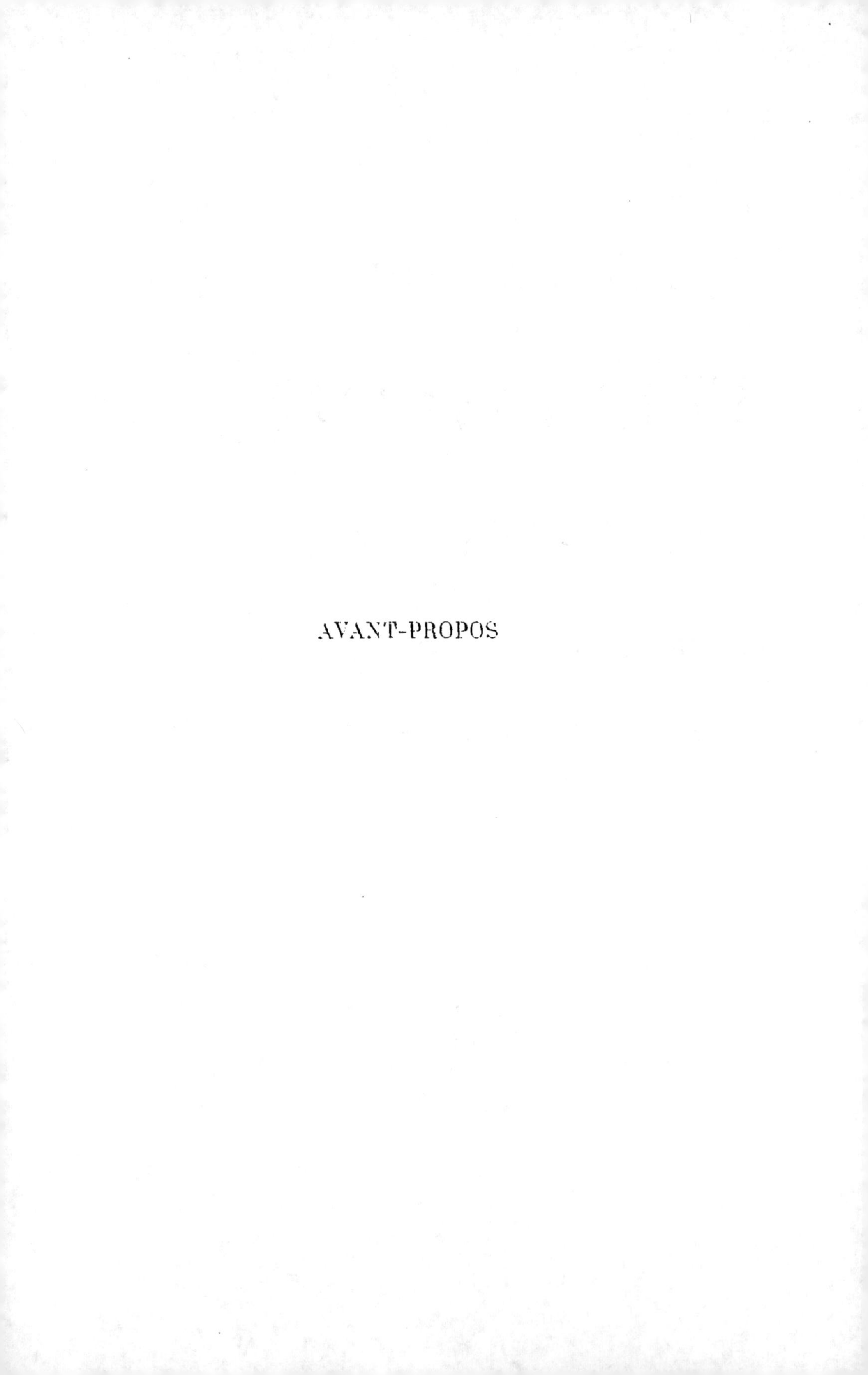

AVANT-PROPOS

AVANT-PROPOS

———

A mesure que la clinique fait de nouveaux progrès dans le diagnostic des maladies, il est nécessaire que le perfectionnement des moyens qu'elle emploie suive une progression correspondante; le *microphone* est un de ces moyens.

Les appareils que je vais décrire ici sont peu connus du public médical. Il y a trois ans environ, lorsque le téléphone et le microphone ont fait leur brillante apparition dans le monde de la science, quelques médecins, fascinés par les merveilles qu'ils entendaient raconter au sujet de ces instruments, ont cru tenir un instant la clef de bien des mystères du corps humain; l'expérience les a vite désillusionnés. D'autres, moins ambitieux dans leurs désirs, se sont contentés de quelques résultats qui, examinés de près, restent inférieurs à ceux fournis par les appareils employés jusqu'à présent. Pouvait-il en être autrement, alors que les physiciens eux-mêmes n'étaient pas d'accord sur l'origine des sons dans le téléphone et sur le fonctionnement du microphone.

La première condition, pour se servir avec fruit d'un instrument quelconque, est d'en saisir le mécanisme. Or, combien, parmi ceux qui ont essayé le microphone, sont capables d'expliquer comment les vibrations de la voix, actionnant deux petits morceaux de charbon, peuvent être reproduites à plusieurs kilomètres de distance par une bobine de fil métallique? Combien connaissent les lois de l'induction des courants électriques, et l'influence des aimants sur ces courants ? Le lecteur fera lui-même la réponse.

A mon avis, il faut attribuer les insuccès à l'inexpérience bien excusable des premiers opérateurs, et aussi à l'imperfection des appareils qu'ils avaient entre les mains.

Mais si on avait trop présumé de ces appareils au début, on les a également trop vite laissés de côté ; mieux connus, et surtout mieux employés, ils peuvent fournir des indications précieuses.

L'étude du Microphone a fait de grands progrès

dans ces derniers temps. De nouvelles dispositions, peu importantes en apparence, ont suffi pour faire de l'instrument primitif de Hughes un véritable appareil de précision, fonctionnant avec une régularité mathématique. Le Téléphone, jumeau scientifique du microphone et son associé indispensable, a également subi des modifications qui l'ont rendu plus sensible et plus apte à nous révéler les bruits qui lui sont transmis.

Mais maintenant que l'appareil est prêt pour l'usage, le médecin est devenu sceptique et son oreille se refuse à entreprendre une nouvelle éducation préparatoire.

Plus confiant que les autres dans l'avenir du Microphone, je me suis attaché à son perfectionnement et j'ai étudié longuement les conditions dans lesquelles sa merveilleuse sensibilité peut être utilisée avec profit. Ce sont les résultats de mes recherches que je présente dans ce travail ; toutefois, je ne me suis pas contenté de mettre sous les yeux du lecteur des expériences uniquement personnelles ; pour mieux lutter contre l'incrédulité, et pour mieux soutenir les intérêts de mon protégé, j'ai joint à mes propres arguments ceux fournis par d'autres expérimentateurs, et l'on trouvera réunies sous un même couvert, les conclusions des travaux entrepris en France et à l'étranger. J'ai fait de fréquents emprunts aux ouvrages spéciaux, et particulièrement au livre si intéressant de M. le comte du Moncel (1). Le lecteur me pardonnera, j'espère, ces nombreuses pages entre guillemets, s'il veut bien réfléchir que je lui ai ainsi évité des recherches bibliographiques souvent difficiles, et que j'ai facilité son jugement sur la valeur des appareils microphoniques, en multipliant les sujets d'observation.

Mais cela ne me paraissait pas suffisant ; l'utilité du microphone une fois admise, il fallait encore expliquer son fonctionnement, indiquer son mode d'application, la quantité d'électricité à employer, etc.

La première partie de ce travail répond à ces desiderata. J'ai essayé de faire comprendre, par une série d'expériences simples et faciles à répéter, le mécanisme de tous ces appareils ; en les lisant avec

---

(1) Le Téléphone et le Microphone, par M. le comte Th. du Moncel. Paris, 1878.

attention, on arrivera facilement, je crois, à se faire une idée de ces phénomènes électriques, si étranges au premier abord, que plusieurs savants n'avaient pas hésité à les mettre en doute.

Dans la seconde partie, je rapporte les principales applications physiologiques et cliniques du téléphone et du microphone, en accompagnant chaque expérience de la description de l'appareil employé. J'ai surtout insisté sur la reproduction des vibrations phonétiques, et sur l'auscultation des muscles, des poumons, du cœur et des vaisseaux. Le dernier chapitre contient un rapide exposé de quelques autres applications, à propos desquelles je n'ai eu ni l'occasion ni le loisir d'entreprendre des expériences aussi complètes que pour les précédentes.

J'espère que devant les nombreux arguments amassés en faveur du Microphone, les cliniciens voudront bien renouveler leurs essais dans de meilleures conditions expérimentales, et je croirai mon but atteint si j'ai pu contribuer à faire admettre cet appareil parmi ceux que la médecine emploie journellement.

PREMIÈRE PARTIE

1º DES APPAREILS :

APPAREILS RÉCEPTEURS ;

APPAREILS TRANSMETTEURS ;

1re CLASSE

2e CLASSE

2º DU COURANT DE PILE

1° DES APPAREILS

———

Les appareils téléphoniques et microtéléphoniques se divisent en deux classes :

1° Les *appareils transmetteurs* qui sont influencés par les bruits et les sons que l'on veut étudier ;

2° Les *appareils récepteurs* qui reproduisent à une distance plus ou moins grande les sons ou les bruits transmis par les premiers appareils.

Un système de fils conducteurs métalliques relie les deux instruments, et sert de voie de transport pour les vibrations entre le transmetteur et le récepteur.

Certains appareils transmetteurs, le téléphone de G. Bell et celui de Bréguet, par exemple, sont capables d'engendrer eux-mêmes un courant électrique, ce qui dispense d'annexer une pile au système de transmission. Mais, dans la plupart des cas, les transmetteurs ne sont que des *vibrateurs*, capables seulement de modifier l'intensité d'un courant dans le circuit duquel ils sont placés ; il devient alors nécessaire de fournir ce courant au moyen d'une pile dont l'énergie varie avec les besoins de l'expérience.

Nous verrons plus loin que l'emploi du microphone exige toujours l'annexion d'un courant de pile ; *un système microtéléphonique* se compose donc :

1° D'*un générateur de courant ;*

2° D'*un transmetteur*, dont les vibrations modifient l'intensité du courant ;

3° D'*un récepteur,* qui recueille ces modifications, les transforme en vibrations sonores et permet à notre oreille de les apprécier ;

4° *De fils conducteurs,* reliant tous ces appareils entre eux.

APPAREILS RÉCEPTEURS

APPAREILS RÉCEPTEURS

J'ai pensé que, pour faciliter l'intelligence des phénomènes téléphoniques, il était préférable de décrire d'abord les *appareils récepteurs,* dont le fonctionnement est, en général, plus simple à saisir.

Mais, avant d'exposer la théorie du téléphone de Bell, je tiens à présenter au lecteur un certain nombre d'appareils et d'expériences qui l'amèneront progressivement à se faire une idée exacte de certains phénomènes électriques, avec lesquels il n'est peut-être pas très familier.

Le classement que je suivrai dans ce rapide résumé sera celui indiqué par le perfectionnement des appareils, plutôt que par leurs dates d'apparition ; car, entre le téléphone composé d'un bout de fil métallique enroulé sur lui-même, et celui beaucoup plus compliqué que l'on regarde aujourd'hui comme parfait, il convient de ranger un certain nombre d'appareils dont quelques-uns sont tout récents, et qui ont été imaginés surtout

— 8 —

en vue d'expliquer le fonctionnement du téléphone
de Bell.

L'appareil le plus simple se compose d'un long
et mince fil de cuivre, recouvert de soie, et enroulé sur lui-même en forme de bobine.

Première expérience. (1) — Je mets les deux extrémités de ce fil en rapport avec les deux pôles d'une
pile, et j'applique la bobine sur mon oreille. Aucun son n'est produit pendant le passage du
courant; mais si je viens à rompre ce courant,
aussitôt la bobine émet un bruit sec et assez fort;
ce même bruit a encore lieu si je rétablis le contact avec la pile. Au lieu de faire ces interruptions du courant à la main, j'introduis dans le
circuit un diapason destiné à produire une rupture du courant à chacune de ses vibrations doubles. La bobine se met aussitôt à vibrer, et la tonalité du son qu'elle émet est exactement celle
du diapason interrupteur.

Deux hypothèses ont été émises pour expliquer
ces vibrations sonores d'un fil de cuivre traversé
par une succession de courants électriques.

Les uns ont pensé qu'il s'agissait là d'un phénomène d'induction des spires du fil les unes
sur les autres; chacune d'elles jouerait, par rap-

____

(1) Pour cette expérience, j'emploie ordinairement un fil n° 32,
long de 20 mètres. Le courant est fourni par 6 éléments Léclanché.

port à sa voisine, le rôle de la bobine inductrice de l'appareil de Ruhmkorff.

D'autres physiciens estiment que les vibrations du fil correspondent à des variations brusques de son élasticité, produites par l'ouverture et la fermeture du courant.

Quelle que soit la véritable interprétation scientifique, il est un fait qui prime tous les autres et que les expériences suivantes vont nous démontrer : *sous l'influence du courant électrique qui le traverse, un fil métallique accomplit un mouvement d'une certaine amplitude ;* et, dans le cas présent, ce mouvement doit être la cause du bruit produit par la bobine.

2ᵉ *expérience :* Je prends un bout de fil de cuivre nº 40, long de 10 centimètres environ ; je le plie légèrement en 8 de chiffre, et je le réunis par ses deux extrémités aux deux conducteurs venant des pôles de la pile. A chaque fermeture du courant, le fil tend à se détordre, et, lors de l'ouverture, la torsion se rétablit au degré qu'elle avait avant le passage du courant.

3ᵉ *expérience :* Un phénomène de même nature aura lieu si je substitue à ce fil tordu, un fil beaucoup plus long et roulé en hélice allongée, comme un solénoïde. A chaque passage du courant, les tours de spire se rapprochent pour s'éloigner de nouveau, lorsque l'interruption a lieu.

Ces mouvements du fil ne peuvent être rapportés à l'effet de la chaleur dégagée par la pile, car ils sont susceptibles d'atteindre une extrême rapidité; et, d'ailleurs, lorsqu'on emploie une pile assez énergique pour échauffer le fil, même d'une quantité très légère, on voit se produire des phénomènes absolument inverses des premiers; c'est-à-dire que le fil s'allonge pendant le passage du courant.

M. Ader, qui a fait de très intéressantes recherches sur le sujet que nous traitons actuellement, a parfaitement reconnu qu'une bobine de fil métallique ne pouvait reproduire les sons qu'à la condition que ses tours de spires fussent peu serrés, et que, si on enduit la bobine d'une matière agglutinante, elle reste muette. Les conclusions de cet habile expérimentateur viennent donc démontrer la nécessité absolue d'un mouvement du fil pour la production des vibrations sonores. Car il est bien évident que les tours de spire de la bobine, quelque serrés et immobilisés qu'ils soient, n'en conservent pas moins leur pouvoir d'induction les uns sur les autres, et que, si la bobine recouverte de gutta-percha reste muette, c'est que les mouvements du fil ne peuvent plus s'effectuer.

Si la bobine est faite avec un fil très long et si la pile est très faible, les mouvements du fil ne seront certainement pas appréciables à la vue; mais ils n'en existent pas moins, ainsi que le prouvent les expériences de M. Ader.

J'insiste à dessein sur ces premiers résultats, parce qu'ils nous serviront plus tard à expliquer un certain nombre de phénomènes plus complexes.

4° expérience : Reprenons maintenant notre long fil de cuivre et enroulons-le sur un barreau de fer doux; puis faisons vibrer le diapason interrupteur du courant. Nous remarquons aussitôt que, pour une même intensité de courant, le son émis par notre nouvelle bobine est beaucoup plus intense qu'avant l'introduction du fer doux.

A quoi devons-nous attribuer cette augmentation? La physique nous apprend que le barreau de fer doux subit une série d'aimantations et de désaimantations correspondant au passage et à la cessation du courant. Nous devons donc penser que ce sont ces variations magnétiques du barreau qui viennent s'ajouter aux effets propres de la bobine pour augmenter l'intensité de ses bruits. Deux expériences déjà anciennes vont nous en donner la preuve.

En 1837, Page avait remarqué qu'une tige de fer soumise à des aimantations et désaimantations très rapides pouvait émettre des sons. Cette découverte fut appliquée en 1860 par Reiss à la construction d'un téléphone récepteur composé d'une tige de fer tendue par ses deux extrémités et entourée d'une bobine de fil de cuivre. L'appareil transmetteur était formé par une pointe

et une lame métalliques que des vibrations communiquées par l'air pouvaient amener au contact. Les vibrations de la tige de l'appareil recep-
teur étaient à l'unisson des vibrations de la plaque
du transmetteur.

En 1846, Guillemin a reconnu « que si une
« tige flexible de fer, entourée d'une bobine ma-
« gnétisante, est pincée dans un étau à l'une de
« ses extrémités, et recourbée sous l'influence d'un
« poids adapté à l'autre extrémité, on peut la
« faire redresser instantanément par le passage
« d'un courant à travers l'hélice magnétisante.
« Or, ce redressement ne peut, dans ce cas,
« provenir que de la contraction déterminée par
« les molécules magnétiques, qui, sous l'influence
« de leur aimantation, tendent à provoquer des at-
« tractions intermoléculaires, et à modifier les
« conditions d'élasticité du métal. On sait en effet
« que du fer ainsi aimanté acquiert la dureté
« de l'acier et qu'il ne peut plus être attaqué par
« la lime (1). »

Ainsi, le courant produit par influence sur le
barreau de fer exactement les mêmes phénomènes que nous avons déjà constatés dans le fil
de cuivre traversé par ce courant.

M. Ader a construit un téléphone très simple

(1) Du Moncel.
  Loc. cit. page 141.

basé sur ce principe. Son appareil se compose d'un bout de fil de fer, long de 12 à 15 centimètres, et fixé par une de ses extrémités sur une planchette de bois ou sur une table. A la base de ce fil de fer on enroule une cinquantaine de mètres de fil de cuivre n° 32, dont les extrémités se relient aux deux fils conducteurs du courant. Non seulement ce téléphone vibre très fortement sous l'influence de courants de pile alternativement ouverts et fermés, mais il reproduit admirablement la voix articulée, lorsqu'on se sert d'un microphone comme transmetteur. Une des particularités les plus intéressantes de l'appareil de M. Ader, c'est que les sons deviennent beaucoup plus intenses si l'on place une masse métallique à l'extrémité libre du fil de fer. Ce fait se rapproche de celui observé par Guillemin et doit être considéré, je crois, comme résultant d'une modification de l'élasticité du fil de fer; car la masse surajoutée peut ne pas être magnétique et cependant elle agira aussi bien qu'un cube de fer ou d'acier.

Il résulte de tout ceci que dans notre bobine enroulée sur un barreau de fer doux, il existe deux causes de vibrations lors du passage du courant : d'une part, les mouvements du fil de cuivre; d'autre part, les variations magnétiques du barreau.

Mais, outre ces deux causes qui ajoutent leurs

effets pour amplifier les sons de la bobine, il faut encore en admettre une troisième qui résulte de l'influence en retour que produisent les aimantations et désaimantations du barreau sur la bobine elle-même. A chaque variation magnétique correspond un phénomène d'induction, de même nature que celui que l'on fait naître dans une bobine lorsqu'on l'approche brusquement d'un aimant.

Les effets de l'induction apparaissent donc nettement lorsqu'une masse métallique est influencée par le courant qui traverse la bobine, et la réaction de cette masse magnétique agit à son tour sur la bobine, en ajoutant ses effets à ceux des deux causes précédemment citées.

Les premiers téléphones d'E. Gray furent construits d'après ce principe. Ils étaient formés d'un electro-aimant au-dessus des pôles duquel était adapté une caisse cylindrique en métal.

5e *expérience :* J'approche maintenant un aimant du fer doux de ma bobine, où, ce qui revient au même, je substitue au barreau de fer doux une tige d'acier aimanté. Le son a encore considérablement augmenté d'intensité.

Cette nouvelle augmentation est facile à comprendre ; les variations magnétiques de l'aimant, produites par les intermittences du courant, étant plus grandes que celles du barreau de fer doux, leurs réactions inductrices sur la bobine doivent être elles-mêmes plus énergiques. Aussi le son est-il d'autant plus fort que l'aimant est plus puissant.

Cet effet de l'induction par les variations magnétiques du noyau peut d'ailleurs être prouvé expérimentalement.

6° *expérience :* J'enlève le noyau métallique de la bobine, et aussitôt les sons reprennent l'intensité qu'ils avaient dans l'expérience 1. J'approche alors peu à peu de la bobine une masse de fer; à mesure que la distance diminue, l'intensité du son augmente; cette masse de fer, magnétisée à distance par l'effet du courant qui traverse la bobine, réagit sur elle par induction.

En remplaçant la masse de fer par une masse d'acier aimanté, ou même par un aimant naturel (pierre d'aimant), la réaction devient beaucoup plus énergique.

7° *expérience :* Si, comme dans l'expérience 2, je fais passer le courant dans un fil tordu en 8 de chiffre et placé entre les pôles d'un fort aimant en fer à cheval, la détorsion du fil est à peu près complète, et le mouvement accompli peut mesurer plusieurs centimètres d'étendue. D'ailleurs, ce même fil de cuivre, placé à côté de l'aimant, sera attiré par lui, exactement comme le serait un solénoïde ou une aiguille aimantée. Cette expérience prouve surabondamment l'influence de l'aimant sur un fil de cuivre traversé par un courant.

J'ai construit d'après cette donnée un téléphone

de très petite dimension, qui a été présenté à l'Institut (1) par M. le comte du Moncel, et dont voici la description :

L'enveloppe de bois a la forme d'une montre ; son diamètre est de 4 centimètres, sa profondeur de 3 centimètres ; le couvercle représente en petit l'embouchure d'un téléphone ordinaire et se visse sur le fond. Dans la boîte est simplement collée une bobine de téléphone, composée d'environ 50 ou 60 mètres de fil n° 30. Devant cette bobine, et collée au couvercle, se trouve *une petite lamelle ronde d'acier mince et aimanté.*

Tel est l'appareil dans toute sa simplicité. En me servant d'un microphone comme transmetteur, et avec un seul élément Léclanché, j'ai pu entendre toutes les paroles aussi distinctement qu'avec un téléphone ordinaire, à une distance de 200 mètres ; avec quatre éléments Léclanché, la voix est environ le double de celle reproduite par un bon téléphone Bell.

Lorsque cet instrument est actionné non plus par un microphone, mais par un *chanteur* semblable à ceux que l'on construit pour les expériences du condensateur chantant, le chant peut s'entendre à 2 ou 3 mètres de l'embouchure.

8° expérience : Je reprends notre bobine de fil fin

(1) Boudet de Pâris.
Comptes-rendus de l'Académie des sciences, séance du 9 décembre 1878.

enroulé sur une tige d'acier aimanté ; je fais vibrer le diapason interrupteur du courant, et j'approche une masse métallique (fer ou acier) du noyau de la bobine. Les vibrations sonores deviennent assez fortes pour que je ne sois plus obligé d'appliquer la bobine contre mon oreille pour les percevoir.

C'est qu'en effet les variations magnétiques du barreau aimanté ont agi par influence sur la masse de fer, et les réactions de celle-ci sur le barreau se sont unies à celles du barreau lui-même pour influencer la bobine. De sorte que, dans ce nouvel appareil, j'ai à la fois comme causes de production du son :

1° Les mouvements du fil de la bobine ;

2° Les variations magnétiques du barreau aimanté ;

3° Les variations magnétiques (par influence) de la masse métallique ;

4° Les réactions inductrices de ces variations magnétiques de la masse et du barreau sur la bobine.

Dans cette expérience, la masse métallique est maintenue fixe, à une certaine distance du noyau aimanté de la bobine ; mais si je remplace cette masse par une simple lame de fer fixée seulement par une de ses extrémités, j'aurai encore une nouvelle cause d'amplification du son, car cette lame vibrera *mécaniquement* sous l'influence des variations magnétiques du barreau, comme vibre l'armature d'un électro-aimant.

Le fonctionnement du téléphone de Bell sera maintenant facilement expliqué par les données précédentes; en effet, il est constitué, comme l'appareil que nous venons d'expérimenter, par un barreau aimanté, portant une bobine de fil fin à l'un de ses pôles; à un millimètre environ de ce pôle est la masse métallique ou diaphragme qui sert à renforcer les variations magnétiques du barreau. Seulement, lorsque le transmetteur est lui-même un téléphone semblable au récepteur, sans adjonction d'un courant de pile, le courant arrivant à l'appareil récepteur est tellement faible que les vibrations transversales sont à peu près nulles, ainsi que l'a démontré M. du Moncel, et qu'il faut surtout faire entrer en ligne de compte les réactions moléculaires produites par les variations magnétiques du barreau et du diaphragme.

La forme de plaque que l'on donne à la masse métallique et sa fixation par ses bords au dessus d'une caisse de résonnance augmentent beaucoup la sonorité de l'instrument. Toutefois les appareils que l'on trouve dans le commerce contiennent en général un diaphragme beaucoup trop mince, parce que l'on a cru, au début, que son rôle était de vibrer transversalement comme l'armature d'un électro-aimant. En augmentant l'épaisseur de cette plaque jusqu'à une certaine limite, c'est-à-dire la masse qui doit réagir sur l'aimant, on amplifie considérablement les sons du téléphone.

Il est évident que si on emploie des courants de pile assez intenses, l'armature du téléphone peut présenter des vibrations transversales; ces effets n'ont plus lieu lorsqu'on se sert d'un courant extrêmement faible, tel que le courant musculaire.

En outre, nous venons de voir que les sons pouvaient également se produire, lorsque l'aimant et la masse métallique étaient tous deux maintenus fixés sur une planchette. Il faut bien admettre, dans ce cas, que le diaphragme n'a pas de vibrations transversales et que la reproduction des sons est due à des mouvements ou vibrations moléculaires.

Le téléphone de Bell est celui dont je me suis toujours servi dans mes recherches. Dans ces derniers temps, il a subi de nombreuses modifications dont quelques-unes seulement ont donné des résultats supérieurs à ceux fournis par l'instrument primitif. D'ailleurs, presque toutes ces transformations avaient surtout pour but de le rendre plus apte aux communications téléphoniques à longues distances.

Je conseille donc à ceux qui voudront se livrer aux études microtéléphoniques de se servir du téléphone Bell comme appareil récepteur. Sa sensibilité est bien suffisante, car nous verrons plus loin que M. d'Arsonval a calculé cette sensibilité et l'a estimé à *deux cents fois* celle du nerf de la grenouille.

Pour réunir les meilleures conditions, le téléphone doit avoir un aimant pouvant porter en grammes un poids égal au sien; sa bobine doit être faite avec 60 mètres de fil n° 30, et ses tours peu serrés. Les fils plus longs et plus fins ne sont utiles que lorsque le circuit présente une grande résistance. Enfin le diaphragme en fer-blanc épais de 3/10es de millimètre, doit être aussi rapproché que possible du pôle qui supporte la bobine, sans le toucher. Il est très-important aussi que ce diaphragme soit très-tendu, ce que l'on obtient facilement en fixant ses bords sur l'enveloppe de bois de l'appareil au moyen du couvercle ou embouchure qui se visse à fond sur un petit coussinet circulaire formé de quelques doubles de papier buvard. (1)

(1) M. Gaiffe, l'habile constructeur d'instruments d'électricité, fabrique en ce moment des téléphones qui remplissent toutes ces conditions et qui donnent d'excellents résultats.

APPAREILS TRANSMETTEURS

APPAREILS TRANSMETTEURS (1)

Il ne faut pas croire que les appareils transmetteurs agissent comme de simples réflecteurs du son
en renvoyant au téléphone récepteur les vibrations
sonores qui viennent les frapper; leur rôle est beaucoup plus complexe.

Sous l'influence des vibrations transmises soit par
un corps solide, soit par un milieu gazeux tel que
l'air, ces appareils se mettent eux-mêmes à vibrer
à l'unisson, comme vibrent certaines cordes d'un
piano auprès duquel on joue du violon.

Mais ces vibrations des appareils transmetteurs
ne produisent aucun son par elles-mêmes; elles
sont souvent si petites que l'œil, armé de la loupe
la plus puissante ne peut les apercevoir. Cependant,
si petites qu'elles soient, elles modifient d'une certaine manière le courant de pile qui traverse les
appareils, et ce sont ces modifications du courant

(1) Nous ne parlerons pas ici du téléphone employé comme organe transmetteur. Nous ne nous occuperons que des appareils microphoniques, c'est-à-dire de ceux qui exigent l'emploi d'un courant
de pile.

que le téléphone récepteur traduit à son tour en vibrations sonores.

Ainsi les appareils transmetteurs doivent être considérés comme des instruments destinés à transformer en vibrations électriques les vibrations sonores ou les mouvements qui les actionnent, et c'est le téléphone qui se charge de reproduire ces vibrations électriques sous forme de sons plus ou moins intenses.

Suivant l'exemple de MM. Spillmann et Dumont (1), nous diviserons les appareils transmetteurs en deux catégories :

1° Ceux qui produisent des interruptions complètes du courant;

2° Ceux qui ne font que modifier l'intensité du courant, sans jamais l'interrompre complètement; ces derniers ont pour type le microphone de Hughes.

(1) Spillmann et Dumont.
« Des applications du microphone aux recherches cliniques. »
Archiv. gén. de médecine   mai 1879.

PREMIÈRE CLASSE

PREMIÈRE CLASSE

———

Les appareils de cette première classe sont depuis longtemps employés en physique (1) et je ne sais pas bien pourquoi dans ces dernières années on les a *inventés* à nouveau, en les baptisant du nom de chaque expérimentateur qui a cru devoir leur ajouter une vis ou un ressort sans rien changer à leur principe.

Tous reposent sur le principe d'un contact alternativement ouvert et fermé. Les oscillations de la petite lame métallique que l'on ajoute aux bobines d'induction pour produire les ruptures de courant, et qui est généralement connue sous le nom de *trembleur*, représente assez bien le fonctionnement de ces appareils. On peut donc les ramener tous à ce type commun : une lame ou membrane métallique, oscillant devant une pointe de métal, et touchant cette pointe à chacune de ses vibrations.

Or, chaque fois qu'il y a contact, le courant est lancé à travers le téléphone, et celui-ci, comme

---

(1) Nous avons vu plus haut que dès 1860, Reiss avait construit une transmetteur de cette nature.

nous l'avons vu plus haut, émet aussitôt un son. Une seconde vibration sonore a également lieu lors de la rupture du courant; de sorte que, pour un seul mouvement de la membrane ou de la lame oscillante, le téléphone parle deux fois.

C'est là ce qui nous explique que, lorsqu'on fait vibrer la membrane devant une pointe métallique, le téléphone vibre à l'unisson avec elle, bien qu'il n'y ait qu'un seul contact pour chaque vibration double de la membrane; car, s'il n'y avait qu'une seule vibration téléphonique pour chaque contact, la tonalité du téléphone serait toujours inférieure d'une octave à la tonalité de la membrane vibrante.

Mais ce double son pour un seul contact peut devenir, dans certains cas, une cause d'erreur que je n'ai vu signalée nulle part, et sur laquelle j'attire l'attention des expérimentateurs.

Les instruments de cette classe sont donc fort imparfaits et ne méritent pas la faveur dont ils jouissent en Allemagne.

D'ailleurs, comme le font très bien remarquer MM. Spillmann et Dumont (1). « Ce n'est point en « réalité les bruits qu'ils révèlent mais bien les « mouvements qu'ils transforment en sons télé- « phoniques, et cela, à condition seulement que « ces mouvements soient assez forts pour détermi-

(1) Spillman et Dumont.
Loc. cit.

« ner mécaniquement un contact entre deux por-
« tions métalliques primitivement séparées. Que
« ces mouvements produisent ou non des sons
« pour l'oreille, ce sont les mouvements seuls qui
« influent sur ces appareils. »

Je n'insisterai pas plus longuement sur ces transmetteurs ; j'aurai d'ailleurs occasion d'en reparler
à propos de leurs applications physiologiques et
cliniques.

DEUXIÈME CLASSE

DEUXIÈME CLASSE

Les appareils de cette classe sont fondés sur le principe *des variations d'intensité que subit un courant électrique en traversant des résistances variables.*

D'après ce principe, le courant doit traverser continuellement le téléphone et l'appareil transmetteur, et les sons émis par le téléphone ont pour origine les variations de résistance qui se produisent dans le transmetteur.

Quant aux causes mêmes qui déterminent ces variations de résistance, ce sont, tantôt des vibrations mécaniques directes ou indirectes, tantôt de simples mouvements moléculaires, comme nous essaierons de le démontrer tout à l'heure.

Voici une expérience qui fera bien comprendre comment un son peut être engendré par une variation de résistance.

9° *Expérience :* Dans le circuit d'une pile, j'intercale un téléphone et un fil de platine extrêmement mince, et long de 50 centimètres. Le courant, pour traverser ce fil de platine, éprouve une certaine résistance, et cette résistance sera d'autant plus grande que le fil sera lui-même plus long et plus mince. Par un artifice très-simple, et souvent employé dans les laboratoires, je m'arrange de façon à ce que, brusquement, le courant n'ait plus à traverser que la moitié du fil de platine, c'est-à-dire 25 centimètres au lieu de 50. La résistance aura donc diminué de moitié. Or, à ce moment, le téléphone émettra un son. Je diminue encore la longueur du fil de platine : nouveau son plus intense dans le téléphone. En un mot, chaque fois que je changerai la longueur du fil traversé par le courant, le téléphone annoncera ce nouveau changement de résistance. Et cependant, le courant n'a pas un instant cessé de traverser les appareils, son intensité seule a varié.

10° *Expérience :* Je puis encore obtenir les mêmes effets en modifiant les conditions de l'expérience. Dans le circuit de la pile, j'intercale un téléphone et une sorte de *voltamètre*, dans lequel les électrodes de platine sont disposées verticalement l'une au-dessus de l'autre; l'une de ces électrodes, la supérieure, est mobile, et peut plonger plus ou moins dans le liquide très légèrement acidulé. Tant que leur position reste la même, on n'entend aucun son dans le téléphone; mais si je fais varier brusquement le degré d'immersion de l'électrode supérieure, un bruit naîtra aussitôt dans le téléphone et se répètera pour chaque nouvelle position de l'électrode. En faisant varier la distance qui sépare les pointes de platine, j'ai diminué ou augmenté la résistance que la couche de liquide interposé oppose au passage du courant, et *chaque nouvelle intensité de ce dernier s'accuse par un nouvel état magnétique du téléphone récepteur;* or, nous savons que chaque variation de l'état magnétique se traduit par un bruit.

Tel a été le premier transmetteur de la parole construit par E. Gray, et dont voici la description donnée par M. le comte du Moncel.

« Les variations d'intensité du courant néces-
« saires pour la production des mots articulés
« étaient la conséquence des variations dans la
« résistance du circuit, et ces variations étaient ob-
« tenues par l'intermédiaire d'un liquide au sein
« duquel se mouvait, sous l'influence des vibra-
« tions d'une membrane tendue adaptée à un porte-
« voix, une pointe de platine mise en rapport avec
« une pile. Du rapprochement plus ou moins grand
« de cette pointe d'une électrode mise en rapport
« avec l'appareil récepteur, résultaient des diffé-
« rences de conductibilité du liquide, proportion-
« nelles aux amplitudes et aux inflexions des vi-
« brations de la membrane ; et ces différences
« d'intensité étaient traduites sur les récepteurs
« par des magnétisations plus ou moins grandes
« d'un électro-aimant, actionnant un disque de
« fer doux, fixé au centre d'une membrane tendue

« sur une sorte de résonnateur ou de cornet acous-
« tique. » (1)

11° *Expérience :* Si je remplace le voltamètre
par deux morceaux de plombagine ou de charbon
de cornue placés l'un sur l'autre, et maintenus
au contact par leur propre poids, le courant éprou-
vera une certaine résistance à traverser ces corps
médiocrement conducteurs et ce contact imparfait. En augmentant brusquement le degré de
pression des charbons, la résistance diminue, et
cette nouvelle iutensité du courant, modifie l'état
magnétique du téléphone.

Si je place mes deux charbons sur un piano, les
vibrations de cet instrument leur sont transmises
mécaniquement; il se produit dans leur contact
un unisson de résistances variables, et le téléphone,
impressionné par les variations correspondantes
de l'intensité du courant répète à mon oreille toutes les notes jouées au piano. La tonalité est la
même; l'intensité du son dépend au moins en grande
partie, de l'intensité même du courant de pile;
quant au timbre, il est souveut modifié par l'appareil récepteur, et ce timbre varie avec l'épaisseur du diaphragme, la nature de l'enveloppe
(bois ou métal) du téléphone, et les dimensions
même de la caisse sonore formée par cette enveloppe.

(1) Du Moncel, Loc. cit. page 57.

Je pose maintenant mes deux charbons sur une table et je fais parler une personne à haute voix. Les vibrations vocales sont transmises par la table aux charbons, comme l'étaient tout à l'heure les vibrations du piano, et je peux entendre dans le téléphone toutes les paroles prononcées.

Telle est la magnifique découverte de Hugues, fondée sur la conductibilité des corps médiocrement conducteurs, découverte dont une bonne part revient d'ailleurs aux savants travaux de M. du Moncel.

Pour rendre l'appareil plus sensible, Hugues lui a donné la disposition suivante :

« On adapte l'un au-dessus de l'autre, sur un
« prisme vertical de bois (ou une planchette de
« même matière) deux petits cubes de charbon,
« dans lesquels sont percés deux trous servant de
« crapaudines à un crayon de charbon en forme
« de fusée, c'est-à-dire avec des pointes émoussées
« par les deux bouts et d'une longueur d'environ
« quatre centimètres; il ne faut pas qu'il soit trop
« grand, afin d'avoir peu d'inertie. Ce crayon ap-
« puie par une de ses extrémités dans le trou du
« charbon inférieur, et doit ballotter dans le trou
« supérieur qui ne fait que le maintenir dans une
« position plus ou moins rapprochée de la verti-
« cale. En imprégnant ces charbons de mercure
« par leur immersion à la température rouge dans
« un bain de mercure, les effets suivant M. Hugues

« sont meilleurs, mais ils peuvent très bien se
« produire sans cela. Les deux cubes de charbon
« sont d'ailleurs munis de contacts métalliques
« qui permettent de les mettre en rapport avec le
« circuit d'un téléphone ordinaire, dans lequel est
« interposée une pile Léclanché de 1 ou 2 éléments
« ou mieux de trois éléments Daniell, avec une
» résistance additionnelle intercalée dans le cir-
« cuit. » (1)

On a, par la suite, modifié de bien des maniè-
res la disposition du microphone, soit dans le but
d'augmenter sa sensibilité, soit, au contraire, pour
supprimer les vibrations résultant des chocs et
des impulsions mécaniques. On espérait ainsi
pouvoir dissocier les bruits engendrés dans le téléphone récepteur et permettre à l'oreille de dis-
tiuguer les sons, reproduisant de véritables vibrations sonores, des bruits créés par de simples mouvements.

Hughes lui-même a construit un autre microphone dans lequel il n'y a que deux charbons, et,
par conséquent, un seul contact variable. L'un de
ces charbons est fixé sur une planchette horizon-
tale, l'autre, long de 3 ou 4 centimètres, et taillé
en forme de cylindre, oscille librement autour d'un
axe transversal ; l'une de ses extrémités appuie

(1) Du Montel.
   Loc. cit. Page 164.

seule sur le charbon fixe, l'autre servant de contre-poids. Cet appareil est, quoiqu'on en ait dit, le plus sensible de tous, puisque, par la disposition du charbon mobile, on supprime l'effet de la pesanteur sur le point de contact, et que, la pression des charbons étant ainsi réduite à son minimum, le plus petit ébranlement est capable de déterminer des variations dans cette pression.

On peut encore augmenter la sensibilité du microphone en fixant l'un des charbons sur une membrane résonnante qui collecte et amplifie les vibrations sonores. Cette innovation est due à lord Lindsay.

Je ne puis parler ici de tous les modèles de microphones qui ont été imaginés : on les trouvera décrits en détail dans le livre de M. du Moncel. D'ailleurs, tel appareil peut être excellent pour un cas donné, qui ne vaudra plus rien pour un autre genre de recherches. Dans le cours de ce travail, je signalerai ceux qui ont fourni les meilleurs résultats dans les diverses applications.

Quoiqu'il en soit, il ressort clairement de tout ce que nous avons vu jusqu'à présent qu'un microphone sera d'autant plus sensible que le contact des charbons pourra subir des variations de pression plus grandes, et, par suite, déterminer des variations plus grandes de l'intensité du courant.

Mais ce n'est pas là la condition la plus difficile

à remplir; car il arrive souvent, au contraire, qu'une expérience ne donne pas de résultats satisfaisants parce que l'appareil est tellement sensible qu'il est impressionné à la fois et par les bruits que l'on veut étudier, et par des bruits ou des mouvements étrangers. Quelquefois même, a-t-on dit, ces bruits étrangers prédominent et masquent complètement ceux que l'on voulait isoler.

Pour qu'un microphone fonctionne bien, le point capital et le plus difficile à atteindre est donc un bon réglage de la pression réciproque des charbons. Car il faut que cette pression soit assez forte pour maintenir continuellement les charbons au contact, et, d'un autre côté, il faut qu'elle soit assez faible pour leur permettre d'obéir aux plus petits ébranlements qui leur sont communiqués.

Aussi les perfectionnements les plus récents apportés aux appareils transmetteurs, ont ils eu pour but le réglage de la pression.

Au début, les expérimentateurs ont utilisé l'élasticité du caoutchouc et de l'acier mince, pour en faire de petits ressorts destinés à maintenir les charbons sous une certaine pression. Les vibrations les plus amples n'étaient plus alors capables de déterminer la rupture des contacts, et par suite la naissance des bruits dûs à la cessation brusque du courant; mais, par contre, la pression était trop forte pour permettre à l'appareil d'être influencé par des ébranlements infiniment petits, tels que les bruits moléculaires. En effet, l'élasticité des ressorts de caoutchouc ou d'acier est telle que l'on ne peut en obtenir le degré de pression nécessaire pour le résultat dont nous parlons. Excellents lorsqu'il s'agit seulement de transmettre la parole articulée, ces ressorts sont sans aucune valeur pour les appareils destinés à l'auscultation ; ou bien ils serrent trop les charbons l'un contre l'autre, et alors les bruits très faibles ne sont pas perçus ; ou bien ils les maintiennent trop faiblement, et alors le moindre mouvement communiqué au microphone détermine une rupture de contact. Le degré de pression intermédiaire à ces deux limites ne peut être obtenu avec les ressorts de cette nature.

Mettant à profit les observations de Savart, j'ai pensé que le papier pourrait avantageusement remplacer le caoutchouc et l'acier. Le papier étant en effet, un corps *très faiblement et très parfaitement élastique,* il doit pouvoir donner précisément le degré de pression voulu, pour empêcher les ruptures de contact lorsque les vibrations ou les mouvements communiqués ont une certaine amplitude, et, en même temps, permettre l'action des mouvements les plus faibles, c'est-à-dire les vibrations sonores. L'expérience a parfaitement répondu à mon attente (1).

(1) On trouvera plus loin la description des divers appareils que j'ai construits sur ce principe. Je rappellerai seulement ici que c'est

L'année dernière, plusieurs expérimentateurs, M. F. Dowling (1), en Angleterre, M. van Ermengem, en Belgique, et M. d'Arsonval, en France, ont eu l'idée de régler la pression des charbons au moyen d'une attraction magnétique.

Dans ces nouveaux appareils, une aiguille, oscillant sur un axe transversal, porte, à l'une de ses extrémités un charbon qui vient buter contre le charbon fixe, et, à l'autre bout, un petit contrepoids en fer qui se trouve situé à une certaine distance du pôle d'un aimant permanent droit. En éloignant plus ou moins l'aimant on fait varier l'attraction de l'aiguille, et par conséquent la pression des charbons.

Je vais maintenant abandonner la partie technique pour aborder deux questions qui ont été soulevées bien des fois, et sur lesquelles les expérimentateurs ne sont pas encore tous d'accord :

Le microphone peut-il amplifier les sons?

Le microphone peut-il être influencé par des bruits moléculaires?

La plupart des physiciens ont résolu la première question de la façon suivante : le microphone est réellement un appareil amplificateur, lorsque les sons lui sont transmis directement par des *vibra-*

dans le courant de l'année 1878 qus j'eus l'idée d'adapter au microphone un ressort en papier. (Brevet du 10 décembre 1878).

(1) F. Dowling. « The Electrician » 12 avril 1879.

tions mécaniques, et par l'intermédiaire de corps solides ; dans toute autre circonstance, les sons transmis auraient moins d'int ensité que ceux qui leur donnent naissance.

D'autres auteurs, MM. Spillmann et Dumont, en particulier, insistent sur la distinction qu'il faut faire entre les *mouvements* et les *bruits,* et assurent que le microphone ne peut amplifier que les premiers.

Voici d'ailleurs les conclusions auxquelles sont arrivés MM. Spillmann et Dumont :

« 1° Il est impossible, à l'aide du microphone à « charbon de cornue, quelles que soient les modi- « fications qu'on y ait apportées, d'amplifier les « *bruits* qui peuvent l'influencer.

« 2° Chaque fois qu'un mouvement autre que le « mouvement vibratoire sonore, si faible qu'il « soit, agira sur l'appareil en même temps que les « vibrations sonores, l'effet résultant du mouve- « ment couvrira dans le téléphone l'effet qui peut « être dû aux vibrations sonores, et, par consé- « quent, l'application de l'instrument sur le corps « humain dont, pendant la vie, toutes les parties, « et notamment celles qui correspondent plus di- « rectement aux organes de la respiration et de la « circulation, sont continuellement animées de « mouvements plus ou moins intenses, aura pour « principal effet la transformation de ces mouve- « ments en sons téléphoniques, qui couvriront tou-

« jours, au point de les rendre inappréciables, les
« bruits qu'on cherche à percevoir.

« Pour que ceux-ci fussent seuls perçus, il fau-
« drait donc supprimer tout contact entre le mi-
« crophone et la partie du corps d'où ils émanent;
« mais alors, nous le répétons, l'appareil dimi-
« nuera toujours d'une façon très notable l'inten-
« sité de ces bruits, si tant est qu'ils puissent en-
« core être manifestés, résultat auquel nous ne
« sommes jamais parvenu (1), et il y aura alors un
« grand avantage à l'application directe de l'o-
« reille munie ou non du stethoscope » (2).

Nous ne croyons pas, comme M. Spillmann,
qu'avec un appareil bien réglé, les effets des *mouve-*
ments doivent forcément annihiler les effets des *vi-*
brations sonores. La différence que cet auteur fait entre l'influence des mouvements et celle des bruits est
très importante lorsqu'il s'agit des appareils transmetteurs de la première classe; car nous avons vu
que ces appareils ne peuvent être actionnés que par
de grands mouvements qui déterminent un contact
dans les pièces mobiles de l'instrument; un bruit

(1) On trouvera plus loin la description d'un stéthoscope microphonique qui permet précisément de recueillir et d'amplifier les
bruits du corps humain, sans qu'il y ait contact, autrement que
par une colonne d'air, entre le corps et le microphone.

(2) Spillmann. Note sur les applications du microphone aux recherches cliniques.

« *Journal des connaissances médicales* »
5 février 1880.

occasionné par un mouvement vibratoire beaucoup moins ample, n'est pas capable de les influencer. Mais avec le microphone à contact permanent, cette distinction perd toute son importance.

D'après ce que nous savons du mode de fonctionnement du microphone, il est certain que cet appareil est influencé par des vibrations que le téléphone transforme en sons; mais les vibrations sonores que l'on explore ne sont-elles pas le résultat de mouvements? La physique ne nous montre-t-elle pas que tous les bruits sont dûs à des mouvements? Entre un grand mouvement tel que celui de la pointe du cœur, et un beaucoup plus faible, comme le frottement de l'air sur les parois des alvéoles pulmonaires ou celui du sang sur les parois des vaisseaux, il existe une énorme différence d'amplitude et de force; mais si l'appareil explorateur est construit dans de bonnes conditions, il indiquera ces deux mouvements avec une différence d'intensité égale à celle qui existe normalement entre eux. Quant à l'étouffement des petites vibrations par les grandes, il n'a pas lieu avec un bon appareil.

Si, par exemple, on met en contact avec la planchette d'un microphone de Hughes deux diapasons de tonalités différentes, l'un, très grand, vibrant seulement dix fois par seconde, l'autre, très petit et donnant 870 vibrations, il est évident que le premier produit des mouvements d'une amplitude bien supérieure à ceux du second. Et cependant le téléphone indiquera à la fois les deux ordres de vibrations, et l'oreille les reconnaîtra sans difficulté, bien qu'elles se produisent ensemble. Il en sera de même si on met le microphone en rapport à la fois avec une montre et un balancier de pendule.

Je ne puis donc admettre, avec M. Spillmann que les *mouvements seuls sont perçus au détriment des bruits*. J'affirme, au contraire, que tous les bruits, même les plus exigus, peuvent influencer le microphone, c'est affaire à l'expérimentateur de rendre l'appareil impressionnable par tous, de diminuer autant que possible les effets des grands mouvements, et de renforcer les mouvements les plus faibles.

Quant aux bruits dits *moléculaires*, ils sont également produits par des mouvements; seulement l'amplitude de ces mouvement moléculaires est si petite que l'oreille humaine ne peut en général percevoir leurs vibrations sans l'aide d'un instrument; nous verrons tout-à-l'heure que le microphone est parfaitement actionné par ces mouvements moléculaires.

Il résulte de tout ceci que la comparaison du microphone avec le microscope est fort juste, quoi qu'on en ait dit. Le microscope, en effet, n'est pas seulement un appareil de grossissement entre les mains de l'anatomiste; c'est surtout un instrument qui sert à reconnaître les éléments entre eux, à analyser leurs formes, leurs rapports, leurs volumes respectifs, etc. Ce que le microscope fait pour la vue, le microphone le fait pour l'oreille ; car il nous permet d'étudier sous forme de sons des vibrations extrêmement petites que l'oreille seule est souvent incapable d'apprécier. De même que le microscope grossit les objets, le microphone amplifie électriquement les vibrations ; avec lui, nous pouvons étudier un bruit dans des conditions semblables ou différentes, nous pouvons comparer ce bruit aux autres bruits qui l'accompagnent, juger les variations qu'il subit dans certains cas, etc. Que cette étude exige une expérience particulière de l'oreille, cela n'est pas douteux ; mais combien faut-il de temps pour apprendre à lire dans le microscope ?

J'ai dit tout à l'heure que les mouvements moléculaires pouvaient influencer le microphone ; je vais essayer de prouver par quelques expériences cette assertion mise en doute par un certain nombre d'expérimentateurs.

Tout d'abord, je dois rapporter l'opinion de Hughes sur le fonctionnement de son appareil.

« Suivant M. Hughes, les vibrations qui affec-
« tent le microphone, même quand on parle à
« distance de l'instrument, ne proviendraient pas
« de l'action directe des ondes sonores sur les
« contacts du microphone, mais des *vibrations*

« *moléculaires* déterminées par elles sur la plan-
« che servant de support à l'appareil ; il montre,
« en effet, que plus cette planche présente de sur-
« face, plus les sons produits par le microphone
« sont intenses, et qu'en enfermant le microphone
« de son parleur dans une enveloppe cylindrique,
« il ne diminue pas beaucoup la sensibilité, si la
« boîte qui renferme le tout présente une certaine
« surface. » (1).

12° *expérience* : J'ai démontré plus haut que,
lorsque le téléphone récepteur est actionné par un
téléphone transmetteur ou par un courant extrêmement faible, les mouvements du diaphragme
du récepteur sont purement moléculaires. J'a-
dapte sur ce diaphragme un microphone relié à
une pile et à un second téléphone récepteur ;
j'entends dans celui-ci tous les sons produits dans
le premier récepteur. Le microphone a donc été
influencé par les vibrations magnétiques des molécules du diaphragme (2).

13ᵉ *expérience* : Je place un microphone sur
une bobine composée de 20 mètres de fil de
cuivre n° 32, et au travers duquel je fais passer un
courant fréquemment interrompu au moyen d'un

(1) Du Moncel.
Loc. cit. page 185, note 1.
(2) Cette expérisnce a été reproduite bien des fois par différents
physiciens. M. Latimer Clark a fondé sur ce principe un système de
relais téléphoniques.

diapason. Un téléphone, relié à ce microphone, se met immédiatement à vibrer à l'unisson du diapason.

Si j'ajoute au centre de ma bobine un barreau de fer doux suspendu par des fils et disposé de telle façon qu'il ne la touche par aucun point, le microphone, placé sur le barreau fera encore vibrer le téléphone récepteur.

14ᵉ *expérience :* Je prends deux circuits microtéléphoniques, iudépendant l'un de l'autre; j'enlève l'embouchure et le diaphragme du téléphone du premier circuit. Sur le noyau de ce téléphone, je fixe le microphone du second circuit; or, le téléphone de ce second circuit accuse tous les bruits transmis au microphone du premier circuit, lesquels vont se reproduire daus le téléphone privé de sa partie vibrante mécaniquement.

Pour toutes ces expériences, le microphone qui donne les meilleurs résultats est celui à charbon horizontal et à un seul contact, avec réglage au papier.

Je pourrais multiplier ces exemples à l'infini; ceux-ci me paraissent suffisamment concluants. Cependant comme dernière preuve, je citerai encore deux expériences rapportées par M. du Moncel :

« M. Hughes est parvenu à obtenir un relais « téléphonique par l'intermédiaire de deux micro- « phones à charbon vertical. En plaçant sur une

« planchette deux microphones de ce genre, et
« reliant l'un de ces microphones à un troisième
« servant de transmetteur, alors que le second est
« mis en rapport avec un téléphone et une secon-
« de pile, on entend dans le téléphone les paroles
« prononcées devant le microphone transmetteur,
« sans que le relai téléphonique mette à contribu-
« tion aucun organe électro magnétique.

« On peut encore obtenir la reproduction de la
« parole au moyen d'un microphone, en fixant
« sur la même planche que ce microphone un
« aimant en fer à cheval, entre les pôles duquel
« est adapté un noyau de fer doux recouvert de la
« bobine magnétisante. C'est encore un systême de
« relais téléphonique qui fonctionne sans dia-
« phragme électro-magnétique. » (1)

Il est donc impossible de nier l'influence des
bruits moléculaires sur le microphone. Quant à
la différence à établir entre les sons téléphoniques
produits par les mouvements et par les bruits, c'est
je le répète une simple question d'intensité; et,
avec un peu d'expérience, d'une part, et, de l'autre, un appareil bien combiné, l'oreille peut arriver à saisir les bruits les plus intimes de l'organisme. Car le plus faible de ces bruits est causé par
un mouvement bien supérieur en intensité et en

(1) Du Moncel.
    Loc. cit. Page 312.

amplitude à celui qui a lieu dans un barreau de
fer doux soumis à des magnétisations variables.

———

DU COURANT DE PILE

DU COURANT DE PILE

Dans tous les mémoires publiés sur les applications du microphone, j'ai vu que le courant de pile était fourni par 3 ou 6 éléments Daniell ou Léclanché; ce qui est certainement une mauvaise condition pour la réussite des expériences.

En effet, si le contact des charbons est sous faible pression, (et nous savons que c'est une des premières conditions pour obtenir la sensibilité de l'instrument), le courant de trois éléments Léclanché suffit pour produire une étincelle, c'est-à-dire un arc voltaïque de dimensions très restreintes, entre les charbons. Le téléphone émet alors un bruit continu de grésillement qui rappelle assez celui de la friture bouillante. Toutes les fois donc, qu'avec un courant de cette intensité, le téléphone reste muet pendant une expérience, c'est que la pression des charbons est forte, et, par conséquent les mouvements vibratoires faibles ne pourront en aucune façon l'influencer. C'est certainement ainsi que l'on peut expliquer les résultats négatifs obtenus dans la plupart des recherches d'auscultation microphonique.

D'ailleurs, lors même que l'on emploie un appareil à pression très-faible et que l'on fait la part des bruits engendrés par le courant lui-même, l'action d'un courant trop énergique ne peut que nuire à la sensibilité du microphone; car la tension électrique, accumulée sur chaque extrémité des charbons les écarte plus ou moins; elle agit comme un ressort interposé entre les charbons et empêche leur contact de se faire. Il est facile de se rendre compte de cet effet en faisant passer au travers du microphone le courant d'une pile secondaire de Planté; quelle que soit l'intensité des vibrations vocales qui viennent frapper la plaque du microphone, le téléphone récepteur reste muet. Les mouvements mécaniques peuvent produire des sons très forts mais les vibrations plus faibles restent sans effet.

Il y a donc tout avantage à se servir d'un courant faible. Le téléphone est assez sensible par lui-même pour signaler la moindre variation de résistance, surtout lorsque le circuit parcouru par le courant, comme il l'est toujours dans les expériences faites au lit du malade.

Les piles que l'on doit employer de préférence sont évidemment celles qui donnent le courant le plus constant. Mais ici interviennent d'autres considérations et tout d'abord celle de la nature même du courant. Toutes les expériences que j'ai entreprises à cet égard m'ont démontré que les courants de *tension* (fournis par des piles à grande résistance intérieure), sont bien préférables aux courants de *quantité* (piles à grandes surfaces et à faible résistance intérieure). C'est du reste ce qui ressort des expériences de la plupart des physiciens, puisque, pour les communications microtéléphoniques à de grandes distances, on substitue les courants induits aux courants continus (système Edison).

Depuis longtemps déjà E. Gray avait reconnu la valeur de ce principe : « les émissions électriques « doivent avoir une tension considérable pour ren- « dre l'effet perceptible à l'oreille. » (1)

Le courant qu'il faudra employer de préférence sera donc celui fourni par des piles constantes, à petites surfaces, et réunies en tension, c'est-à-dire par leurs pôles de nom contraire.

Les petits éléments au sulfate de cuivre construits par Trouvé sont excellents pour ce genre d'expériences ; avec deux couples seulement, le téléphone reproduit les bruits du cœur et du muscle en contraction avec assez d'intensité pour les rendre perceptibles à plusieurs centimètres de son embouchure.

(1) E. Gray.
« Telegrapher » octobre 1876.
et « Annales télégraphiques » avril 1877.

Cependant ces piles ont l'inconvénient de contenir un liquide et d'être par cela même difficilement transportables. Aussi je leur préfère, pour la pratique, les petits éléments au chlorure d'argent de Gaiffe.

On connaît la disposition de ces petites piles hermétiques qui ont remplacé les éléments au bisulfate de mercure dans la plupart des appareils d'induction à l'usage des médecins. Dans un étui cylindrique en caoutchouc durci sont renfermées deux lames métalliques, l'une de zinc, l'autre d'argent; sur cette dernière est maintenue appliquée au moyen d'un petit sac de toile, une couche de chlorure d'argent fondu. Enfin, entre les deux lames est intercalé un coussinet formé de quelques feuilles de papier buvard que l'on humecte une fois pour toutes en le plongeant dans de l'eau salée ou dans une solution de chlorure de zinc à 10 pour 100. Cette pile, haute seulement de 9 centimères, et d'un diamètre de 3 1/2 centimètres, possède, malgrè son petit volume, une force électro-motrice égale à celle d'un élément Daniell. Elle a en outre l'immense avantage de pouvoir se transporter dans la poche, sans crainte d'écoulement de liquide, et de fournir, pendant plusieurs mois, un courant parfaitement constant.

C'est ce modèle que j'ai employé dans toutes mes recherches à l'hôpital, (un seul élément, dans la plupart des cas), et, à cause précisément des avantages que je viens de signaler, il est de beaucoup préférable à tous les autres générateurs de courant.

SECONDE PARTIE

CHAPITRE PREMIER

APPLICATIONS DU TÉLÉPHONE

APPLICATIONS DU TÉLÉPHONE

Les applications du téléphone seul, c'est-à-dire sans microphone et sans pile, sont peu nombreuses en physiologie expérimentale; en clinique, elles sont nulles.

En effet, pour être utilisé comme organe transmetteur, le téléphone doit être influencé par des vibrations ayant une certaine amplitude, tellesque les vibrations vocales. Lorsque le téléphone transmetteur est actionné par des bruits beaucoup plus faibles, la reproduction de ces bruits dans l'appareil récepteur se fait avec un tel degré d'affaiblissement que l'oreille ne peut les percevoir. Les vibrations sonores qui actionnent le transmetteur subissent avant d'être reproduites par le récepteur un certain nombre de transformations que nous ne pouvons analyser ici mais qui ont été bien étudiées par les physiciens. M. Demoget a démontré expérimentalement qu'après cette série de transformations, le son transmis par le téléphone est 1,500,000 fois plus fois plus faible que celui émis

devant l'appareil, et « M. Warren de la Rue a re-
« connu que les courants émis par un téléphone
« ordinaire de Bell sont équivalents à celui d'un
« élément Daniell traversant 100 megohms de résistance, c'est-à-dire 10 millions de kilomètres de
fil télégraphique. » (1)

D'après cela, on comprendra facilement qu'un
premier téléphone, placé sur la région cardiaque
par exemple, ne pouvant transmettre au téléphone
récepteur que des bruits affaiblis 1,500,000 fois,
l'oreille sera certainement incapable de percevoir
ces bruits.

Par conséquent, il est inutile de songer à employer le téléphone comme appareil transmetteur
dans les recherches cliniques.

Mais, à cause de son extrême sensibilité, le téléphone seul peut être utilisé comme récepteur pour
déceler l'existence d'un courant électrique extrêmement faible. Seulement il faut bien se rappeler
que, dans ces cas particuliers, les sons produits
par le téléphone ne sont pas une reproduction de
vibrations sonores, mais qu'ils représentent une
transformation en bruits de certaines variations
d'un courant électrique. C'est en se plaçant sur ce
terrain que M. d'Arsonval a eu l'idée de se servir
du téléphone comme galvanoscope. Nous laissons
ici la parole à cet habile expérimentateur :

(1) Du Moncel.
Loc. cit., page 155.

« Le téléphone est un instrument d'une sensibi-
« lité exquise. J'ai été amené à le comparer avec
« le nerf qui est considéré comme le réactif le
« plus sensible de l'électricité, depuis les célèbres
« expériences de Galvani. Il résulte de ces expé-
« riences que le téléphone le plus mal construit est
« au moins cent fois plus sensible que le nerf pour
« déceler de faibles variations électriques.
« Voici en quoi consiste l'expérience :
« Je prépare une grenouille à la manière de Gal-
« vani : Je prends l'appareil d'induction de Sie-
« mens et Halske, usité en physiologie sous le nom
« d'appareil à chariot ; j'excite avec la pince ordi-
« naire le nerf sciatique et j'éloigne la bobine in-
« duite jusqu'à ce que le nerf ne réponde plus à l'ex-
« citation électrique. Je remplace alors le nerf par
« le téléphone, et le courant induit qui n'excitait
« plus le nerf *fait vibrer avec force le téléphone.*
« J'éloigne la bobine induite, et le téléphone vibre
« toujours.
« Dans le silence de la nuit, j'ai pu entendre vibrer
« le téléphone en éloignant la bobine induite à une
« distance quinze fois plus grande que celle du mi-
« nimum d'excitation du nerf ; par conséquent, si
« l'on admet pour l'induction, comme pour les ac-
« tions à distance, la loi des carrés inverses, on
« voit que dans cette circonstance le téléphone, cet
« instrument d'une si grande simplicité, est au
« moins deux cents fois plus sensible que le nerf.

« J'ajoute que l'emploi de ces faibles courants
« d'induction est très commode pour régler le té-
« léphone ; on recule ou l'on avance l'aimant jus-
« qu'à ce que la vibration entendue soit maxi-
« mum.

« Nous possédons dans le téléphone un instru-
« ment d'une sensibilité exquise. Il est comme on
« le voit, beaucoup plus sensible que la patte gal-
« vanoscopique. J'ai songé à en faire un galvanos-
« cope. On n'étudie que très difficilement les cou-
« rants musculaires et nerveux avec le galvano-
« mètre de 30,000 tours de du Bois-Raymond, parce
« que l'appareil manque d'instantanéité et que
« l'aiguille, à cause de son inertie, ne peut mani-
« fester de variations électriques se succédant rapi-
« dement, comme celles qui ont lieu par exemple
« dans le muscle lorsqu'on le tétanise. Cet inconvé-
« nient n'existe plus avec le téléphone qui répond
« toujours par une vibration à un changement
« électrique quelque rapide qu'il soit. C'est donc
« un excellent instrument pour étudier le tétanos
« électrique du muscle. On peut être sûr d'avance
« que le courant musculaire excitera le téléphone,
« puisque ce courant excite le nerf qui est moins
« sensible que le téléphone. L'instrument nécessite
« pour cela quelques dispositions spéciales ; j'ai
« entrepris par ce moyen une série d'expériences
« sur l'électricité animale, qui feront l'objet de
« communications subséquentes.

« Le téléphone ne peut servir qu'à constater les
« variations d'un courant électrique, quelque fai-
« bles qu'elles soient il est vrai; j'ai trouvé le moyen
« de constater, par son intermédiaire, la présence
« d'un courant continu, quelque faible qu'il puisse
« être. J'y ai réussi en employant un artifice très
« simple. Je lance dans le téléphone le courant
« supposé, et, pour obtenir des variations, j'inter-
« romps mécaniquement ce courant par un diapa-
« son. Si aucun courant ne traverse le téléphone,
« l'instrument reste muet; si au contraire le plus
« faible courant existe, le téléphone vibre à l'unis-
« son du diapason.

« Des courants hydroélectriques ou thermoélec-
« triques très faibles peuvent ainsi être constatés
« en employant une disposition spéciale de l'ins-
« trument pour chaque cas.

« D'après ce qui précède, on voit donc que le té-
« léphone est, de tous les galvanoscopes, le plus
« sensible pour déceler la présence, soit de faibles
« variations électriques, soit de faibles courants
« continus, en se servant de l'artifice que j'indi-
« que.

« Je ne doute pas que son emploi ne fournisse
« des résultats intéressants dans l'étude de l'élec-
« tricité animale que je vais étudier par ce moyen
« nouveau. » (1)

(1) D'Arsonval.
  Comptes-rendus de l'Académie des sciences. Avril 1878.

Quelques mois après cette communication M. Tarchanoff reprit les mêmes expériencee et obtint les mêmes résultats que M. d'Arsonval. Dans le mémoire qu'il publia sur ce sujet, un seul fait nous parait devoir être mentionné, comme n'ayant pas été signalé par les premiers expérimentateurs. Ce fait est le suivant : « Le ton fourni par les nerfs est « beaucoup plus faible que celui que donnent les « muscles. » (1)

L'année dernière, M. le professeur Marey étudia les effets de la décharge de la gymnote lancée dans le téléphone ; cette étude est très intéressante au point de vue de la contraction musculaire, et je mets sous les yeux du lecteur une partie de la note présentée à l'Institut par le savant professeur du collège de France :

« Les difficultés pour faire venir en France des « poissons exotiques, et même l'impossibilité où je « me suis trouvé cet été de me procurer, sur les « côtes de Normandie, une Raie vivante, m'ont « fait chercher un autre moyen d'analyser la dé-« charge des poissons électriques. Le téléphone « m'a semblé se prêter fort bien à cette analyse, « puisqu'il rend un son quand il est traversé « par des courants successifs de fréquence suffi-« sante. »

(1) Tarchanoff.
  Pétersburg. med. Wochenschr. — Octob. 1878.
Et
  Revue des sciences médicales. -- Avril 1880.

« M. G. Pouchet travaillait alors à l'aquarium de
« Concarneau ; je lui envoyai un téléphone avec
« les instructions nécessaires, et je reçus presque
« immédiatement la nouvelle que la décharge de
« la Torpille donne lieu à un son perceptible à
« distance, mais dont la tonalité est difficile à dé-
« terminer.

« Tout récemment j'eus l'occasion d'expérimen-
« ter moi-même sur une Torpille et constatai que
« des excitations légères de l'animal provoquent un
« *coassement* assez bref, chacune des petites déchar-
« ges provoquées ne se composant que d'une di-
« zaine de *flux*, et ne durant guère que 1/15 de se-
« conde. Mais si l'on provoque une décharge pro-
« longée en piquant le lobe électrique du cerveau,
« le son qui se produit dure trois à quatre secondes
« et consiste en une sorte de gémissement dont la
« tonalité est voisine de mi_1 (165 vibrations), ce qui
« s'accorde sensiblement avec le résultat des expé-
« riences graphiques. Ce son augmente un peu en
« intensité et paraît s'élever un peu en tonalité
« quand, en remuant l'aiguille, on excite le lobe
« électrique du cerveau. » (1).

D'autres expérimentateurs, renversant les conditions de l'expérience, ont imaginé d'employer
le téléphone comme appareil excitateur du nerf
de grenouille, les courants induits téléphoniques

(1) Marey.
Comptes-rendus de l'acad. des sciences, février 1880.

étant déterminés par les ébranlements du diaphragme sous l'influence des vibrations vocales.
C'est ainsi que M. Eick de Wurtzbourg a constaté
qu'en mettant les deux extrémités du fil d'un téléphone en contact avec un nerf de grenouille, on
fait contracter les muscles correspondants lorsqu'on parle avec force devant le diaphragme de
l'appareil. Certaines voyelles même, l'*o* et l'*u* par
exemple, paraissent agir avec plus d'énergie que
les autres.

Toutefois les expériences de cette nature sont
moins importantes; elles ne font que mettre en
évidence un fait connu depuis longtemps déjà, à
savoir : le nerf de la grenouille est excitable par
des courants très faibles.

Le fait beaucoup plus important qui ressort des
expériences de M. d'Arsonval est le suivant : en
mettant en rapport avec un gastro-cnémien de
grenouille les deux extrémités de la bobine d'un
téléphone, cet instrument accuse toutes les variations électriques qui se passent à l'intérieur du tissu
musculaire. Si l'on fait contracter le muscle trente
fois par seconde, l'état électrique de ce muscle
éprouvant une variation lors de chacune de ces
contractions, le téléphone rend immédiatement un
son semblable à celui que produit un diapason
vibrant trente fois par seconde. Le muscle devient
un véritable appareil transmetteur, et il fournit
lui-même le courant qui actionne le téléphone.

Cependant l'application des fils téléphoniques sur le muscle excité par des courants électriques (courants de pile ou induits) doit être considérée comme favorisant certaines causes d'erreur dont la principale résulte de l'existence de courants dérivés qui se font au travers du muscle, entre les électrodes qui amènent le courant provocateur de la contraction et les extrémités des fils du téléphone.

Ainsi je lis (1) que Kronecker et Stirling ont pu constater, au moyen du téléphone, qu'un muscle qui reçoit dix mille et même vingt-deux mille excitations par seconde entre en tétanos (imparfait, il est vrai) c'est-à-dire effectue dix mille et vingt-deux mille secousses par seconde. Mais si les fils téléphoniques, c'est-à-dire les deux extrémités de la bobine du téléphone ont été mis en rapport direct avec le muscle excité, il est absolument certain que ce téléphone était actionné non pas tant par les variations électriques propres au muscle en contraction que par une dérivation du courant qui servait à l'excitation.

La contre expérience est d'ailleurs facile à faire ; remplaçons le muscle par un petit morceau d'amadou humide ; appliquons sur cet amadou les deux extrémités du fil qui apporte le courant excitateur ;

(1) Kronecker et Stirling.
    Archiv. f. anat. u. phys. 1878, p. 1.
    Et *Revue des sciences médicales*, juillet 1879.

enfin, sur un autre point, plaçons les deux fils du téléphone. Dès que le courant excitateur passera, le téléphone se mettra à vibrer à l'unisson de l'interrupteur du courant. Or, dans ce cas, l'amadou n'a pas pu fournir par lui-même de variations d'état électrique et il faut bien admettre que celles signalés par le téléphone sont des dérivés du courant qui traverse l'amadou.

On doit donc penser qu'un muscle excité par des courants à intermittences rapides, *vibre électriquement* autant de fois que l'interrupteur du courant ; mais il ne faut pas en conclure que ces vibrations correspondent nécessairement à des secousses physiologiques dont le nombre serait égal à celui des intermittences du courant. A partir d'une certaine limite, les vibrations électriques sont les seules perceptibles.

Pour que l'expérience eût une valeur réelle, il faudrait provoquer la contraction musculaire au moyen d'excitations mécaniques du nerf ; car les phénomènes de dérivation seraient ainsi supprimés. Dans tous les cas, le téléphone ne donne pas un son reproduisant le bruit musculaire, mais seulement une tonalité correspondant au nombre des variations électriques musculaires ou dérivées ; les bruits de frottements périfibrillaires, par exemple, ne peuvent être transmis. Cette question sera d'ailleurs longuement traitée plus loin.

Le téléphone peut être encore appliqué à l'étude

de la contraction du cœur, lorsque cet organe
est isolé du corps de l'animal, ou simplement mis
à découvert. Dans ce cas, en effet, le muscle cardiaque se contractant spontanément, il n'y a pas
à craindre l'effet d'un courant extérieur.

Pour faire cette expérience il suffit de placer un
cœur de grenouille ou de tortue entre les deux
cuillerons d'un cardiographe de Marey, et de mettre les fils du téléphone en rapport avec ces cuillerons. Chaque mouvement du cœur est alors ac-
cusé par un bruit qui indique une variation de son
état électrique.

En somme, on voit que le Téléphone seul ne
peut indiquer que les variations d'un courant électrique qui le traverse. Sa sensibilité devient alors
un défaut, car il se laisse influencer par tous les
courants directs ou dérivés, et au mépris des plus
grandes résistances.

En outre, les bruits qu'il produit sont souvent
très faibles et difficiles à saisir, même pour une
oreille expérimentée. Il y a donc tout avantage à
le remplacer par les appareils *microtéléphoniques*, qui amplifient considérablement les bruits,
tout en écartant les causes d'erreur dues aux effets d'induction et de dérivation des courants électriques.

CHAPITRE DEUXIÈME

APPLICATIONS DU MICROTÉLÉPHONE

ÉTUDE DE LA VOIX ARTICULÉE

ÉTUDE DE LA VOIX ARTICULÉE

Dès son origine, le microphone a été substitué au téléphone transmetteur pour les communications à longues distances. On a pu voir, en effet, par l'étude raisonnée que nous avons faite du fonctionnement de ces appareils, que leur sensibilité est bien supérieure à celle du téléphone et qu'ils ont en outre l'avantage d'utiliser des courants galvaniques plus ou moins puissants; ce qui permet de renforcer beaucoup les sons du téléphone récepteur.

Tous les modèles de microphone sont bons lorsqu'il s'agit de transmettre la voix articulée pour les besoins des communications ordinaires; mais lorsqu'on veut étudier les phénomènes phonétiques au point de vue physiologique, il faut faire un choix parmi les nombreux instruments qui ont été construits de tous côtés.

L'un des meilleurs est celui de M. Ader :
« Le transmetteur est une tige mobile de fer ou de
« charbon qui appuie sur un morceau de charbon
« fixe, sans autre pression que son poids, et qui

« porte une plaque concave devant laquelle on
« parle. Ces deux pièces sont disposées de manière
« à se mouvoir horizontalement, de sorte que,
« quand l'appareil est suspendu, le circuit est for-
« cément disjoint par ce seul fait, alors qu'il se
« trouve fermé au moment où on prend l'appareil
« pour parler. » (1)

Le microphone de M. Ader est peut-être celui
qui reproduit la voix avec le plus de pureté ; le timbre, les moindres modulations, les imperfections
personnelles, tout est transmis fidèlement. Mais
comme cet appareil est moins sensible que ceux
que nous allons décrire plus loin, il exige l'inter-
vention d'une pile très énergique (3 ou 6 éléments
Léclanché), et la personne qui parle est obligée
de maintenir la plaque concave très rapprochée
des lèvres. En outre, il n'est pas influencé par des
bruits très faibles (bruit respiratoire, etc.) même
lorsqu'il est en contact avec un conducteur solide.

Le microphone de MM. P. Bert et d'Arsonval est
beaucoup plus sensible, et par cela même, il s'a-
dapte mieux que celui de M. Ader aux expériences
physiologiques. Voici la description qui en a été
faite par les auteurs dans une récente séance de
l'Institut :

(1) Du Moncel,
Loc. cit., page 313.

« La matière qui, pour la construction de la
« plaque réceptrice, nous a donné les meilleurs
« résultats, est le caoutchouc durci. Nous l'em-
« ployons en plaques d'étendue variable; l'épais-
« seur augmente ou diminue avec la surface,
« mais elle n'est jamais moindre de un millimètre
« sous peine de voir reparaître les sons nasillards,
« si désagréables dans ces sortes d'instruments.

« A travers cette membrane passe le charbon
« fixe, soutenu par une bague métallique. Le se-
« cond charbon dont les variations de pression
« dans son contact avec le premier devront dé-
« terminer les variations du courant est réglé
« d'une manière toute nouvelle, à laquelle est dû
« pour la plus grande part le bon résultat de no-
« tre instrument. Ce charbon est porté par une
« tige de fer qui peut pivoter autour d'un axe sur
« lequel elle est parfaitement équilibrée, en telle
« sorte que la pesanteur n'a plus aucune action
« sur elle. La mobilité de cette tige de fer est ré-
« glée par un aimant qui l'attire suivant son axe
« et qu'on peut en éloigner ou rapprocher à vo-
« lonté. Lorsque l'aimant est très éloigné, la tige
« peut tourner indifféremment autour de son pi-
« vot. Lorsqu'il est presque au contact, l'aiguille
« est fortement dirigée et ne peut avoir que des
« vibrations d'une très faible amplitude et d'une
« grande rapidité; c'est ce qui est nécessaire pour
« qu'elle puisse accompagner le charbon monté

« sur la membrane vibrante, sans jamais l'aban-
« donner, et, par conséquent, sans créer d'inter-
« ruptions. (1) »

Enfin je signalerai le microphone que j'ai imaginé il y a deux ans, et dont le réglage, fondé
sur l'élasticité du papier, permet d'obtenir une
exquise sensibilité, tout en n'utilisant que des
courants galvaniques très faibles. J'ai pu avec cet
appareil recueillir les paroles prononcées à plus
de quarante mètres de distance, en plein champ,
et en n'employant que le courant d'un seul élément Léclanché.

La sensibilité de ce microphone est telle qu'il
peut être employé comme organe récepteur, à la
place du téléphone ; un poste complet se compose
alors de deux microphones, l'un transmetteur,
l'autre récepteur, d'une pile Léclanché et de deux
fils conducteurs.

Voici d'ailleurs ce que M. du Moncel écrivait, l'année dernière, au sujet de cet instrument :

« Un microphone composé de deux charbons
en contact, dont l'un est fixé sur une lame métallique, peut faire un bon récepteur téléphonique,
et M. Boudet de Pâris en a construit de cette manière qui donnent d'excellents résultats. Dans ces

(1) P. Bert et d'Arsonval
   Séance de l'Institut du 15 mars 1880.

conditions, le transmetteur et le récepteur sont absolument semblables ; ils consistent dans une petite boite dont le couvercle, qui est à vis, est constitué par une embouchure de téléphone ordinaire, et porte une plaque circulaire de fer blanc au centre de laquelle est soudé un petit disque de charbon ; sur ce disque appuie l'extrémité d'une bascule de charbon articulée par son centre sur les deux joues d'une lame de ressort repliée et fixée au fond de la boîte, et c'est un petit morceau de papier plié en V qui fournit la force antagoniste adaptée au bras de la bascule, appuyant contre le charbon de la plaque. L'appareil se règle en vissant plus ou moins profondément le couvercle.

Un seul élément Léclanché suffit pour transmettre et reproduire la parole avec deux appareils de cette nature adaptés aux deux extrémités du circuit, et, telle est la sensibilité du système, qu'en substituant au microphone récepteur un téléphone Bell ordinaire, tel que ceux que vend M. Walker, on peut faire entendre la parole dans tout un appartement, en appliquant à l'embouchure de ce téléphone un porte-voix de phonographe. Le seul inconvénient de ce système est de nécessiter de fréquents réglages ; mais quand il est bien disposé, il produit des effets surprenants. » (1)

(1) La « lumière Electrique ».
    Nᵒ du 15 mai 1879. p. 29.

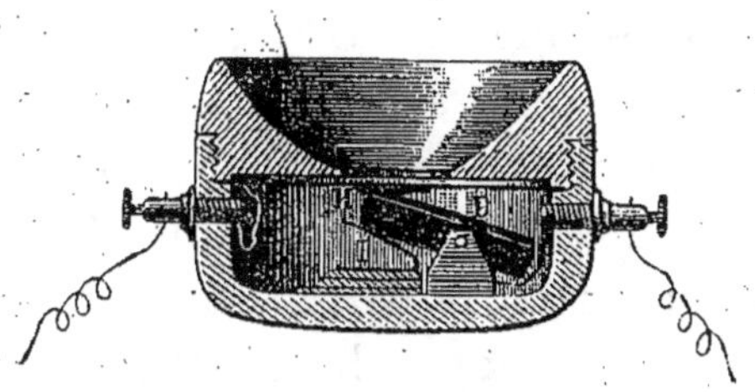

Microphone transmetteur et récepteur.

H — Lentille de charbon fixée sur la membrane métallique.
D — Charbon mobile.
I — Ressort en papier.

Armé de ces divers appareils, il nous a été facile de nous livrer aux recherches d'acoustique. Puis, non content d'entendre la parole, nous avons voulu la « *voir* », telle qu'elle est reproduite par les Téléphones, c'est-à-dire que nous avons cherché à *inscrire la voix* telle qu'on l'entend dans les appareils récepteurs.

Mais avant d'entrer dans les détails de ces expériences, il est juste de rappeler les observations des expérimentateurs qui nous ont précédé dans cette voie.

Il y a quelques années, M. le Dr Rosapelly est parvenu à inscrire les mouvements de la langue et des lèvres et les vibrations du larynx. Voici la

description de l'appareil explorateur dont il s'est
servi, et qui a été construit d'après les indications
de M. le professeur Marey : « Une masse de cui-
» vre est suspendue à l'extrémité d'un ressort; au-
« dessous de la masse est une pointe de platine
« qui se trouve exactement en contact avec la
« masse, de manière à former un circuit électri-
« que. La masse et la pointe sur laquelle elle re-
« pose sont renfermées dans une petite caisse lé-
« gère formée de bois et de caoutchouc durci, de
« façon à isoler entre eux les deux bouts du cir-
« cuit de pile. Une vis de réglage, appuyant sur
« le ressort, au voisinage de la masse de cuivre,
« limite l'amplitude des mouvements de l'appa-
« reil autour de la masse immobile qui en occupe
« le centre. » (1).

Les travaux de Rosapelly ont surtout fait connaître comment se font les vibrations du larynx
pendant l'émission des consonnes et des voyelles.
Nous n'insisterons pas ici sur l'importance de ces
travaux au point de vue de la linguistique et de
l'éducation des sourds-muets. Nous nous conten-
terons de signaler deux ou trois points spéciaux
que nous avons tenté de vérifier aux moyens des
appareils téléphoniques.

« Dans la voix parlée, c'est le larynx qui émet

____

(1) Ch. L. Rosapelly
Travaux du laboratoire de M. Marey, année 1879, p. 118.

« le son fondamental dont le résonnateur buccal
« détermine le timbre. En inscrivant les vibra-
« tions du larynx, on doit donc s'attendre à ne
« trouver que des vibrations correspondant à un
« son simple, malgréla complexité du son que l'o-
« reille perçoit quand elle entend une voyelle.....

« Les quatre consonnes P et B, V et F, seront
« entièrement caractérisées si nous inscrivons,
« en même temps que le mouvement des lèvres,
« les vibrations du larynx. En effet, dans l'arti-
« culation du P et de l'F, le larynx reste muet; il
« vibre, au contraire pour le B et le V. » (1).

Le B ne diffère donc du P que par les vibrations
du larynx qui accompagnent l'émission du premier et qui sont nulles lorsqu'on prononce le P.

Les vibrations laryngiennes étant sous la dépen-
dance du courant d'air qui traverse l'organe, il est
facile de comprendre que ces vibrations n'ont pas
lieu lorsque la prononciation de certaines consonnes exige l'occlusion des lèvres, car alors le courant
d'air est arrêté. Le B exige bien cette occlusion la-
biale comme le P, mais, lors de sa prononciation,
le voile du palais se soulève et laisse échapper l'air
par les narines, d'où la persistance des vibrations
du larynx pendant l'émission du B.

Dans certains cas pathologiques, cependant, la

______

(1) Rosapelly.
Loc. cit. p. 115 et 122.

prononciation du P s'accompagne de vibrations laryngiennes, par exemple lorsqu'il existe une perforation du voile du palais parce que le courant d'air trouve alors dans cette perforation une voie d'échappement vers les fosses nasales.

J'ai répété les expériences de Rosapelly en appliquant sur le larynx un interrupteur électrique semblable au sien, et mis en rapport avec une pile et un téléphone. On peut ainsi suivre avec l'oreille tous les phénomènes énoncés par Rosapelly.

En remplaçant l'explorateur à interruption du courant par un microphone à contact permanent, l'expérience devient encore plus probante ; car, non-seulement on perçoit la tonalité des sons émis par le larynx, comme avec l'appareil précédent, mais encore toutes les modulations dues aux harmoniques et aux différentes formes de l'appareil buccal.

Par l'emploi simultané des deux instruments, ayant chacun leur pile et leur téléphone indépendant, il devient très facile de reconnaître, dans un son ou plutôt une lettre émise par le sujet en expérience, la part qui revient au larynx, et par suite, de calculer la persistance des vibrations laryngiennes pendant l'émission de chaque lettre.

D'un autre côté, il m'a semblé très intéressant de comparer à l'inscription des vibrations laryngiennes, l'inscription des vibrations vocales complètes, c'est-à-dire telles qu'elles sortent des lèvres après que le courant d'air à subi l'influence du larynx, du voile du palais, des lèvres, de la langue et des diverses caisses de renforcement voisines de l'appareil vocal.

Ici encore j'ai employé deux sortes d'explorateurs; l'un à contact intermittent, capable de reproduire seulement le nombre des vibrations; l'autre, le microphone, pouvant être actionné par toutes les inflexions de la voix.

Les appareils récepteurs étaient également différents dans les deux cas; car les ébranlements communiqués au microphone à contact permanent sont incapables, au moins dans cette circonstance, d'actionner un signal électrique de Deprez, puisqu'il n'y a pas cessation de contact des charbons, c'est-à-dire, interruption du courant.

Je crois donc utile, pour l'intelligence de ces expériences, de donner la description des appareils dont je me suis servi.

L'explorateur à contact intermittent est constitué, comme le transmetteur téléphonique de Reiss, comme le *chanteur* de Pollard, de Loiseau, etc., par une membrane mince tendue sur un cadre ou sur une embouchure de téléphone, et portant à son centre une petite lamelle de platine. En face de cette lamelle, est fixée une vis micrométrique à pointe de platine. En tournant plus ou moins cette vis, on fait varier la distance qui sépare sa pointe de la lamelle portée par la membrane ; lorsque cette distance est très petite, chaque vibration communiquée à la membrane détermine un contact entre les deux surfaces métalliques, et le courant est lancé dans le circuit. Si, à l'extrémité de ce circuit, on place un téléphone, le son produit par celui-ci, avec un seul élément Léclanché est assez fort pour qu'on puisse l'entendre à plusieurs mètres de l'embouchure. Le chant peut être transmis à une très grande distance (plusieurs kilomètres) et toutes les notes émises par le chanteur conservent leur tonalité exacte.

En substituant au téléphone un signal électrique de Deprez, (1) l'armature de ce dernier vibre à l'unisson de la membrane du transmetteur, et les notes chantées vont s'inscrire sur un cylindre recouvert de noir de fumée.

La figure suivante, obtenue par ce moyen, représente l'inscription électrique des notes qui composent l'accord parfait majeur de l'octave moyenne, et qui ont été chantées successivement devant la membrane du transmetteur. Le chanteur a eu soin, pendant cette expérience, de donner la même forme à l'orifice buccal, c'est-à-dire de prononcer la même voyelle A sur chacune des notes différentes.

(1) Pour la description de cet appareil, voir : Marey, la « Méthode graphique. »

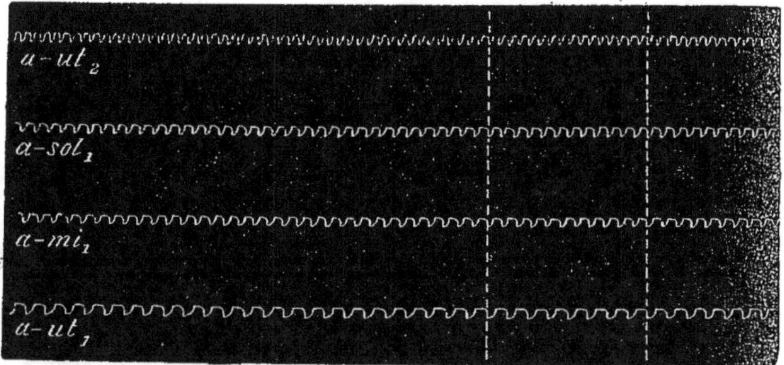

Inscription électrique de la voyelle A chantée sur l'accord parfait majeur.

On sait que le rapport numérique des vibrations des quatres notes ut_1 mi_1 sol_1 et ut_2 est un rapport, simple que l'on peut représenter par les chiffres 4, 5, 6, 8. Or, on peut voir dans le tracé précédent que, pour un même espace de temps indiqué par les deux traits verticaux, le rapport numérique des vibrations est 8, 11, 12 et 16 ou 4, 5 1/2, 6 et 8. Ce qui montre que le mi, a été chanté faux.

Pour l'étude de la parole, il suffit de parler très près de la membrane, et le signal de Deprez inscrit aussitôt le nombre des vibrations correspondant à chaque émission vocale. Mais l'inscription ne donne que la hauteur (tonalité) des sons; de là aux modulations de la voix articulée il y a loin.

Les renseignements fournis par cette méthode sont toutefois très intéressants, car ils viennent confirmer les expériences de Rosapelly sur les vibrations laryngiennes.

FIG. 3.

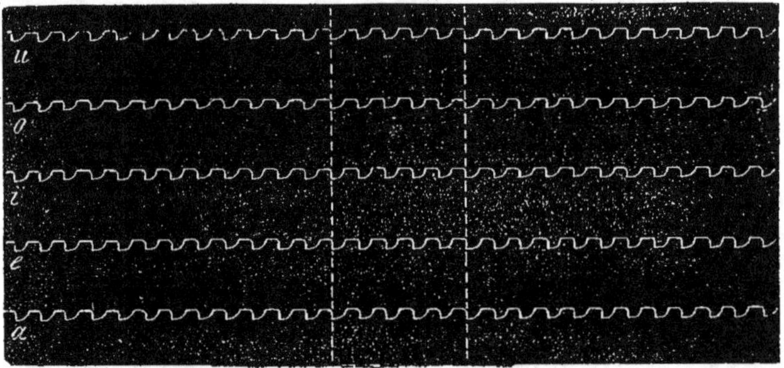

Inscription électrique des voyelles a, e, i, o, u, prononcées sur la même note.

En effet, si je prononce *sur la même note* les cinq voyelles a e i o u, j'obtiens cinq tracés absolument identiques (voir fig. 3), c'est-à-dire présentant exactement le même nombre de vibrations par seconde. Ce qui indique bien que » *le larynx* « *émet un ton fondamental dont le résonnateur buccal* « *détermine le timbre.* » Le timbre ne pouvant être indiqué par notre appareil, chaque voyelle doit avoir le même tracé, pourvu que la tonalité d'émission reste la même,

J'ai ensuite tenté d'inscrire la voix avec toutes
ses modulations déterminées par les parties de
l'appareil vocal autres que le larynx. La colonne
d'air qui sort des lèvres étant modelée en quelques sorte sur la forme de ces divers organes,
ainsi que l'avait déjà fait remarquer M. Bourseul, (1)
il fallait trouver un instrument assez sensible
pour être actionné par toutes les inflexions de cette
colonne d'air.L'instrument trouvé, le reste pouvait
être fait par toute personne initiée aux délicatesses
de la méthode graphique.

On pourrait nous objecter ici que ce que nous
cherchions était déjà trouvé depuis longtemps,
puisque avec le phonautographe de Scott, on peut
inscrire toutes les vibrations communiquées à une
membrane, et que Edison avec son phonographe,
a réussi non-seulement à inscrire la voix mais encore à la reproduire d'après son propre tracé. Mais
si le phonographe reproduit servilement la voix qui
lui est transmise, nous ne pouvons pas *voir* ce qu'il
écrit et c'est précisément là ce que nous cherchons.
Il est vrai qu'après de minutieuses préparations,

(1) Dès l'année 1854, M. Ch. Bourseul avait admis la possibilité
de transmettre la parole à distance; après une série d'expériences
et de raisonnements, il écrivait que la voix humaine articulée peut
être reproduite au moyen de l'électricité.

« Il faut bien songer que les syllabes ne reproduisent à l'audition
« rien autre chose que des vibrations des milieux intermédiaires;
« reproduisez exactement ces vibrations et vous reproduirez exac-
« tement aussi les syllabes. »

Le phonographe lui a donné raison.

ses tracés peuvent apparaître amplifiés et présentés
sous forme de courbes ; mais alors le manuel opé-
ratoire devient d'une pratique difficile, et l'exactitude même de l'inscription peut bien s'en res-
sentir. D'ailleurs, nous ferons remarquer que le
merveilleux instrument d'Edison, tout comme le
phonautographe de Scott, agit mécaniquement, et
que notre but est d'étudier la voix transmise, reçue
et reproduite au moyen de l'électricité.

Nos premières tentatives ont été faites avec le
téléphone ordinaire de Bell. Au centre de la membrane du téléphone récepteur était fixé un petit
style très léger qui devait écrire sur le noir de fumée ; mais ce style est toujours resté immobile,
tant que nous nous sommes servi du téléphone
comme transmetteur ; nous nous attendions du
reste à ce résultat négatif, puisque les vibrations
de la membrane téléphonique, en pareil cas, sont
uniquement moléculaires et qu'il n'y a point réellement d'attraction mécanique comme le pensait
le colonel Navez.

Nous avons alors substitué au téléphone transmetteur notre parleur microphonique représenté
dans la figure 1. L'intercalation, dans le circuit
téléphonique, d'un courant voltaïque produit dans
le téléphone des effets électro-magnétiques tels que
l'on sent parfaitement au doigt les vibrations du
diaphragme du récepteur. Toutefois, ces vibrations
ne pouvaient pas encore être inscrites d'une façon

visible. Les mouvements du style, quelque délicat
que fût l'appareil, se distinguaient à peine sur le
noir de fumée; le frottement d'une lame de verre
suffisait à les arrêter. Peut-être que si l'on plaçait à
l'extrémité du style une parcelle de métal brillant,
on pourrait obtenir des photographies assez nettes,
qu'il serait facile d'amplifier à volonté; mais nous
n'avions pas ce moyen d'étude à notre disposition.

Le transmetteur étant suffisamment sensible,
nos efforts ont dû se concentrer sur l'appareil récepteur pour amplifier ses vibrations mécaniques.
Voici la modification que nous lui avons fait subir ;
enlevant au téléphone de Bell son embouchure et
son diaphragme, nous avons vissé sur le bois de
l'instrument l'extrémité d'un ressort d'acier assez
résistant; l'autre extrémité de ce ressort vient
aboutir en face du noyau aimanté muni de sa bobine ; à cette extrémité est soudée une petite masse
de fer doux pesant une dizaine de grammes ; puis,
sur cette masse, et dans le prolongement de l'axe
du ressort, est fixé un style léger en bambou, de
10 centimètres de longueur, et terminé par une
plume en baleine. En somme, le diaphragme est
remplacé par une armature mobile, assez semblable au trembleur des bobines d'induction.

C'est au moyen de cet instrument que nous avons
obtenu les tracés que nous avons mis sous les yeux
de l'Académie. (1) Les tracés ont été pris sur pa-

(1) Comptes rendus de l'Académis des sciences, mai 1879, p. 847.

pier à décalcomanie couvert de noir de fumée puis transposés sur verre, afin d'en permettre la projection, la photographie et même l'étude au microscope.

Deux points principaux ressortent de l'inspection de ces tracés :

1° Ils présentent deux sortes de vibrations ; de grandes vibrations, ou plutôt des ondulations qui se produisent toujours dans le même ordre, lorsqu'on prononce le même mot ; puis de petites vibrations très courtes, très nombreuses, échelonnées sur les grandes ondulations. Ces petites vibrations correspondent aux vibrations du larynx. Les ondulations s'expliquent de deux façons : elles sont produites par le souffle qui accompagne nécessairement l'émission de la voix (elles sont plus prononcées pour les consonnes labiales), et, en même temps, elles sont augmentées par l'inertie du levier inscripteur. On peut bien voir ces détails dans la figure suivante.

Fig. 4.

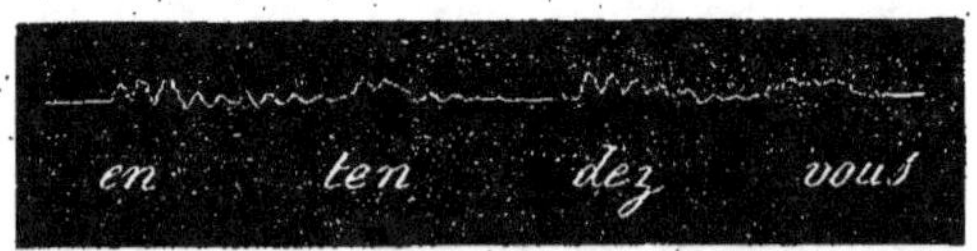

Inscription électrique du mot : « Entendez-vous »

Pour cette figure comme pour les trois autres suivantes, il est bon de faire usage de la loupe ; car les tracés ont été gravés en grandeur naturelle et avec une rare habileté par M. Pérot, et il est assez difficile de distinguer tous les détails à l'œil nu.

2ᵉ Lorsque la continuité du courant est établie dans le circuit et les appareils transmetteurs et récepteurs, la masse métallique est attirée par l'aimant jusqu'à une certaine limite qui varie avec l'intensité du courant. Vient-on à parler dans le microphone, aussitôt l'armature du récepteur est *repoussée, et cette repulsion est d'autant plus forte que les paroles sont plus fortement accentuées et sur un ton plus élevé ;* le maximum a lieu pour les dentales et les labiales. Il se passe là un phénomène absolument identique à celui de *l'oscillation négative* de l'aiguille du galvanomètre. L'explication, d'ailleurs, semble être la même ; pendant le silence, la pression uniforme et constante des charbons l'un contre l'autre facilite le passage du courant, et, par suite, l'attraction de l'armature du récepteur ; lorsqu'on parle dans le microphone, la pression des charbons est autant de fois variée qu'il y a de vibrations dans le son produit ; le courant, sans cesser d'être continu, a de nombreuses variations d'intensité et l'armature prend une position qui rappelle celle de l'aiguille du galvanomètre dont le fil est traversé par un courant à intermittences rapides. Ce fait nous paraît devoir aider à l'explication des mouvements vibratoires du diaphragme dans les téléphones récepteurs traversés par un courant de pîle à variations d'intensité très fréquentes. Pour nous, ce diaphragme aurait des *vibrations négatives*.

Parmi les tracés que nous avons eu l'honneur de présenter à l'Académie, quelques-uns surtout nous paraissent mériter l'attention du lecteur. Ce sont ceux qui représentent les mots : « Déposé » — « Larifla » » — Ivanohé » — (figures 5, 6 et 7).

Fig. 5.

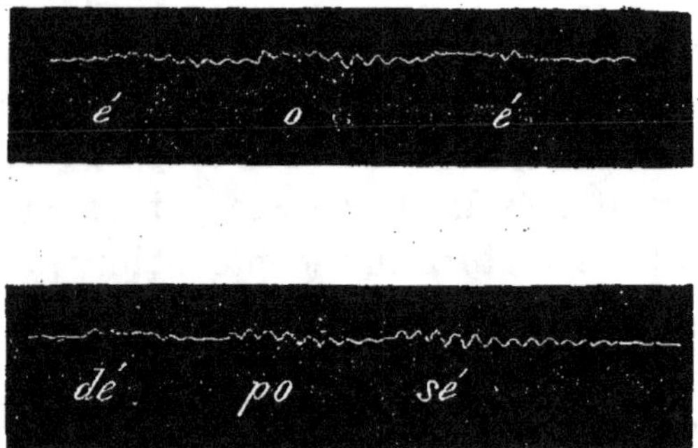

Inscription électrique des voyelles *é, o, é,* et du mot « *déposé.*

Nous avons d'abord prononcé isolément les voyelles contenues dans un mot, puis le mot entier, en

Fig. 6.

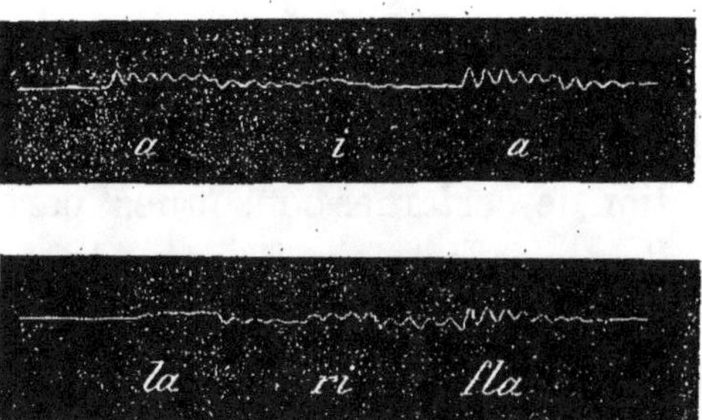

Inscription électrique des voyelles « *a, i, a*, et du mot « *Larifla.* »

scandant les syllabes ; la comparaison des deux tracés, dans chaque figure, permet de juger l'ef-

Fig. 7.

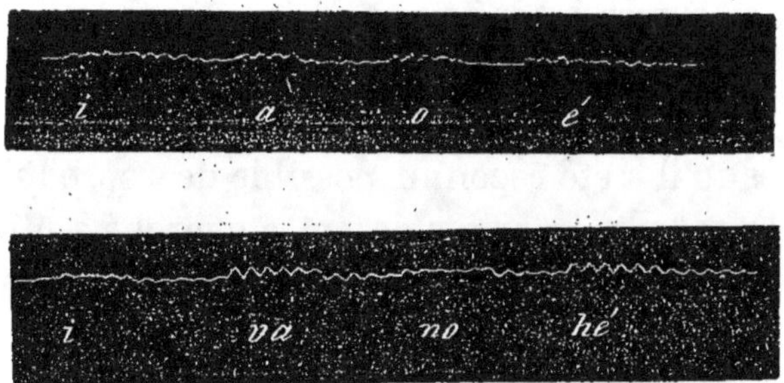

Inscription des voyelles « *i, a, o, é*, » et du mot « *Ivanohé.* »

fet produit par l'adjonction des consonnes.

Dans les deux cas on reconnaît les petites dentelures dues aux vibrations du larynx, et ces vibrations paraissent être en nombre égal pour chaque voyelle, parce que l'émission de celle-ci a été faite sur la même tonalité. Quand aux ondulations, elles sont beaucoup plus marquées lors de l'articulation de certaines consonnes, parce que le courant d'air vocal est venu heurter plus fortement la membrane du microphone ; dans d'autres cas, au contraire (surtout dans la prononciation des linguales) la colonne d'air est brisée dans l'intérieur même de la bouche, et les ondulations du tracé sont beaucoup moins marquées (*la* du mot *larifla*).

Nous n'avons pas la prétention de croire notre but complètement atteint ; nous sommes loin encore de la *parole écrite par l'electricité* et facile à reconnaître à la lecture des tracés. Toutefois, ces premiers résultats nous ont paru intéressants à signaler. Notre intention est d'ailleurs de poursuivre cette étude avec des moyens plus parfaits.

Dès qu'il a été reconnu possible de reproduire à distance la voix articulée, on a cherché à utiliser cette découverte au profit des sourds et des sourds-muets.

Le microphone qui a servi à mes expériences sur l'inscription de la parole répond parfaitement à cette application. J'ai pu converser à voix à peu près basse et à 200 ou 300 mètres de distance avec des personnes dont l'ouïe était tellement affaiblie qu'il fallait presque crier pour se faire entendre d'elles. Le Dr Gellé a également rapporté le fait suivant :

« C'est par un artifice analogue que Bell a appris
« à articuler les sons au fils de son associé Thomas
« Saunders. Ce fils, sourd de naissance est capa-
« ble de converser avec son père à une distance
« d'un mille a travers le téléphone. » (1)

Mais pour que les expériences réussissent bien, il est nécessaire de mettre deux téléphones dans le circuit, l'audition biauriculaire augmentant de plus du double la perception des sons.

Lorsqu'on parle à deux ou trois centimètres de l'embouchure du microphone représenté dans la figure 1, les paroles viennent faire vibrer simulta-nément les deux membranes du tympan avec une telle force que l'expérience est presque doulou-reuse pour une personne non atteinte de surdité, et cependant, le courant électrique, même pour un circuit de 200 mètres, est fourni par un seul élé-ment Léclanché. Il y a donc dans ce fait un pre-mier résultat digne de fixer l'attention.

Mais ce n'est pas tout ; on peut facilement faire entendre le chant à des sourds-muets, chez lesquels le nerf auditif ne fait pas complètement défaut, en

(1) Dr Gellé.
« Tribune Médicale. » 1879 p. 186.

même temps que la tonalité des notes chantées s'inscrit sur un cylindre recouvert de noir de fumée, ce qui leur permet de comparer par la vue les différents sons qu'ils entendent. Je dois avouer que, pour ces expériences, je me suis inspiré des résultats fournis par le nouvel instrument connu sous le nom d'*audiphone*.

Cet instrument, en effet, agit en transmettant à l'oreille interne les vibrations sonores, par l'intermédiaire des os de la tête et particulièrement par les dents. Au début, il se composait d'une plaque de caoutchouc durci longue de 25 centimètres sur 15 centimètres de large, et tendue comme un arc par un fil reliant ses deux extrémités. Le sujet, tenant l'un des coins de cette plaque entre les dents, dirige sa convexité vers le point d'où partent les vibrations sonores : c'est par ce moyen que l'on est parvenu à faire entendre pour la première fois des sons musicaux à des sourds-muets de naissance.

Dernièrement, M. Collongue a montré que le même résultat peut être obtenu avec une simple lame de carton que le sujet arc-boute contre ses dents, de manière à la cintrer.

Si le nerf acoustique peut être influencé par les vibrations recueillies par une lame de carton, à plus forte raison le sera-t-il par les oscillations d'une membrane métallique mise en mouvement par l'électricité ; car, dans ce cas, les vibrations peuvent acquérir une intensité bien supérieure à celle du carton et du caoutchouc durci.

Partant de ce principe, j'ai soudé au centre du diaphragme d'un téléphone récepteur une petite tige d'acier longue d'une dizaine de centimètres et terminée par un petit bouton d'ivoire qui se place entre les dents. Dès qu'un courant fréquemment interrompu traverse le téléphone, le diaphragme se met à vibrer avec une force en rapport avec l'intensité du courant, et les vibrations sont transmises aux dents et de là au nerf acoustique beaucoup mieux qu'au moyen de l'audiphone.

L'interruption du courant peut se faire avec le transmetteur qui m'a servi a recueillir les vibrations laryngiennes, et de cette façon, *il est possible de faire entendre le chant à un sourd-muet à une distance de plusieurs kilomètres.*

Quant à l'inscription simultanée des vibrations du chant, on l'obtient en faisant passer le courant de la pile, non plus directement dans le téléphone, mais à travers un signal de Deprez et dans le gros fil d'une bobine de Ruhmkorff. Les deux fils du téléphone, sont reliés aux deux extrémités de la bobine induite. Il résulte de cette disposition que, dès que l'on chante dans le transmetteur, le courant inducteur écrit la tonalité des notres émises, en même temps que le courant induit fait vibrer le téléphone récepteur, dont le diaphragme communique ses vibrations aux dents du sujet; celui-ci peut alors suivre le chant à la fois avec l'ouïe et avec la vue.

Le son des appareils musicaux est naturellement plus facile encore à transmettre. Quant à la voix articulée, on peut la rendre perceptible avec le même récepteur; mais il est préférable alors de supprimer l'inscription simultanée et de faire passer le courant de pile directement au travers du téléphone, afin de conserver toute son énergie pour actionner le diaphragme vibrant. Bien entendu, le transmetteur doit être un microphone à contact permanent comme celui de la figure 1.

Outre ces applications qui me paraissent avoir une réelle importance, le microphone peut encore rendre certains services dans l'étude des maladies de l'appareil vocal. Ainsi, dans les cas de *bitonalité* de la voix, il peut être intéressant de savoir quelle est la corde vocale dont les vibrations ne se font pas normalement. L'exploration successive des deux cotés du cartilage thyroïde indiquera très nettement de quel coté siége l'anomalie. J'ai pu constater le fait chez un malade atteint d'anévrysme aortique, avec compression du nerf récurrent, et bitonalité consécutive des vibrations laryngiennes.

Certaines tumeurs du larynx peuvent aussi être étudiées avec l'aide du microphone. Toutes les tumeurs laryngiennes, en effet, ne produisent pas le classique bruit de drapeau perceptible à distance, mais toutes celles qui siégent au voisinage immédiat des cordes vocales modifient plus ou moins les vibrations de ces organes, et là sensibilité de l'explorateur microphonique permettra de saisir ces modifications et d'en tirer des indications pour le diagnostic. Dans des cas semblables, l'inscription électrique des vibrations laryngiennes pourra aussi fournir d'utiles renseignements.

CHAPITRE TROISIÈME

ETUDE DU BRUIT MUSCULAIRE.

ÉTUDE DU BRUIT MUSCULAIRE.

Le *Bruit musculaire*, appelé aussi *bruit rotatoire*, a déjà été l'objet de nombreuses recherches de la part des physiologistes et des physiciens. Mais les instruments peu sensibles qu'ils ont eus entre les mains ne leur ont pas permis de pousser cette étude aussi loin qu'on peut le faire maintenant à l'aide du microphone. Bien plus, nous verrons tout à l'heure que tous n'étaient pas d'accord sur la tonalité du son musculaire, et que, même encore aujourd'hui, l'imperfection de certains appareils microphoniques et l'interférence de quelques phénomènes électriques encore peu connus jusqu'à présent ont causé des erreurs d'interprétation que nous tacherons d'éviter.

Le bruit musculaire n'est pas le même, selon que l'on ausculte un muscle à l'état de repos ou à l'état de contraction; on constate alors une grande différence dans la tonalité et dans l'intensité du son. Cependant l'origine de ce bruit reste la même, et nous pouvons, dès à présent, admettre qu'entre ces deux limites, il existe une quantité

8

d'autres tonalités correspondant à des états du muscle intermédiaires au repos et à la contraction.

La pathologie peut même reculer ces limites; en effet, la paralysie fait disparaître presque complètement ou même totalement le bruit musculaire; la contracture, au contraire, le porte à son maximum d'intensité et de hauteur.

Toutes ces variations du bruit musculaire observées chez l'homme se retrouvent dans les expériences tentées sur les animaux, et il devient alors très facile de reconnaître la cause de ces variations et d'en déduire des conclusions ayant rapport aux divers états patholgiques du système nevro-musculaire.

Je commencerai donc l'exposé de ces recherches par l'étude expérimentale du bruit musculaire chez les animaux; je montrerai ensuite comment on peut faire les mêmes observations chez l'homme, et j'indiquerai les conséquences cliniques qui en découlent.

Je dois tout d'abord reconnaître qu'avant moi M. d'Arsonval avait eu l'idée d'appliquer le microphone à l'étude du bruit musculaire; mais diverses circonstances l'ayant forcé d'interrompre ses recherches, il a bien voulu me faire part de ses résultats, qui concordent d'ailleurs pleinement avec ceux que j'ai obtenus par la suite.

L'instrument dont je me suis servi est représenté

dans la figure 8. Dans cet appareil, le charbon inférieur H est fixé au centre d'une membrane de parchemin tendue sur une embouchure de téléphone, et destinée à amplifier les vibrations qui lui sont communiquées.

FIG. 8.

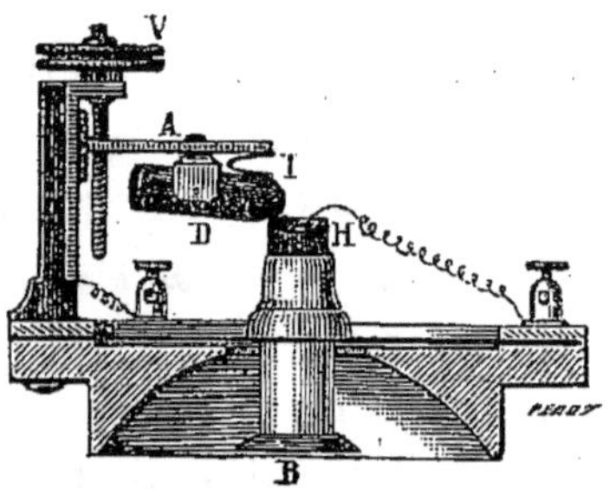

Myophone

A. Chariot portant le charbon mobile D.

V — vis micrométrique permettant l'élévation et la descente de ce chariot.

1 — ressort en papier réglant la pression des charbons,

H — charbon fixé sur l'extrémité supérieure du bouton explorateur B, lequel traverse le centre de la membrane de parchemin.

L'autre face de cette membrane porte, également à son centre, un bouton explorateur que l'on applique directement sur le muscle en expérience, ou bien auquel on attache, par un fil ordinaire, le tendon d'un gastrocnémien de grenouille.

Le réglage de la pression des charbons est obtenu, comme dans mes autres microphones, au moyen d'un V de papier écolier, et le jeu d'une vis micrométrique permet d'établir le contact des charbons et d'augmenter ou diminuer à volonté leur pression moyenne.

J'ai suivi deux méthodes pour étudier le muscle de la grenouille ; dans la première, le gastrocnémien, complètement séparé de l'animal, est suspendu au bouton du microphone ; dans la seconde, le muscle est détaché seulement au niveau de son tendon inférieur, et reste en communication avec ses vaisseaux et ses nerfs.

1° Dans le premier cas, lorsque le muscle isolé est suspendu par un fil au myophone, je fais arriver l'excitation électrique de la façon suivante : un des rhéophores aboutit au tendon supérieur, au point même où ce tendon se continue avec le fil suspenseur ; l'autre rhéophore plonge dans une petite capsule pleine de mercure que j'amène au contact du tendon inférieur. De cette manière, le muscle n'a aucun poids à supporter, et toutes les causes de frottement extérieur sont évitées.

Bien entendu, le microphone ne révèle aucun bruit tant que le courant ne traverse pas le muscle ; mais à chaque ouverture et fermeture d'un courant de pile, on entend dans le téléphone un bruit sec accompagnant la secousse, et ce bruit est d'autant plus intense que la pile est plus forte et par conséquent la secousse plus énergique.

Si je rapproche les excitations, au moyen d'un interrupteur intercalé dans le circuit, le muscle émet aussitôt un son dont la tonalité est la même que celle du son produit par l'interrupteur, même lorsque le nombre des excitations dépasse le chiffre de trente deux à la seconde, chiffre qui a été indiqué comme étant la limite d'excitations nécessaire pour produire le tétanos parfait ou fusion complète des secousses. (1)

(1). *Wollaston* (mémoire lu à la Société Royale, le 16 nov. 1809) reconnut une tonalité dans les sons du muscle en contraction et compara ce bruit à celui produit par le roulement des voitures de Londres.

Haughton calcula cette tonalité et donna le chiffre de 32 à 35 vibrations par seconde. L'allure des voitures de Londres est en moyenne de 8 milles à l'heure, l'intervalle des pavés de 3 pouces anglais, il doit donc y avoir 35 vibrations des roues par seconde.

Collongues et Kœnig ont trouvé 32 vibrations avec un diapason vibrant à l'unisson du muscle.

M. Marey trouve à peu près la même tonalité ; le son musculaire est tantôt le *si* tantôt le *do* de l'octave inférieure d'un piano.

Helmholtz constate que la tonalité du bruit musculaire est précisément celle que donne en vibrant l'interrupteur de la machine d'induction qui sert à l'excitation ; mais il pense que le nombre des excitations suffisantes pour produire le tétanos doit être réduit à 19, 5.

Legros et Onimus estiment que 20 excitations suffisent à déterminer la fusion des secousses chez l'homme, avec variations d'un individu à l'autre. Ils écrivent d'ailleurs : « le son musculaire devient « de plus en plus aigu à mesure que la contraction est plus forte, « ou, ce qui revient au même, à mesure que les excitations deviennent « nent de plus en plus rapides. »

Avec 100 ou 200 excitations par seconde et plus, le muscle, pourvu qu'il soit frais, vibre toujours à l'unisson de l'interrupteur. L'intensité du bruit musculaire augmente considérablement, lorsque, au lieu de laisser simplement le tendon au contact du mercure on lui fait supporter une charge de quelques grammes. Ces premières expériences prouvent suffisamment que *le bruit musculaire n'est pas le résultat de frottements*, ainsi qu'on l'a souvent répété.

Dernièrement, MM. H. Clozel de Boyer et G. Trouvé (1) ont repris ces expériences et sont arrivés à des résultats différents des miens. Leur appareil se compose d'un microphone à charbon vertical (modèle primitif de Hughes) fixé sur le bras d'une petite potence à laquelle ils suspendent le muscle soumis à l'excitation électrique. D'après ces expérimentateurs, le muscle qui se contracte sur lui-même, sans soulever aucune charge, ne produirait aucun bruit.

« Ce bruit musculaire, devenant plus aigu lorsque, après la pro-
« duction du tétanos on augmente la fréquence des excitations,
« permet de conclure que les contractions continuent à s'exécuter
« dans le muscle, bien qu'elle ne soient plus visibles. » (Dict. Encyclopédique — Art. Muscle).

Cette diversité d'opinions indique clairement que le point de fusion des secousses musculaires n'est pas encore déterminé, et que la plupart des limites indiquées jusqu'à présent se rapportent aux appareils explorateurs. plus ou moins sensibles, et non au muscle lui-même.

(1) « Progrès médical. »
31 janvier 1880, p. 80.

Ce résultat négatif me paraît dû à un défaut de l'appareil employé. Il est évident, en effet, que, du moment où le muscle se raccourcit d'une quantité appréciable à la vue, il y a *mouvement*, et, d'après ce que nous savons du fonctionnement des microphones, le mouvement vibratoire, quelque faible qu'il soit, doit déterminer une variation correspondante dans la résistance localisée au niveau du contact des charbons. Le microphone de MM. de Boyer et Trouvé, à cause même de sa disposition, n'est donc pas assez sensible pour être influencé par les vibrations d'un muscle de grenouille sans charge. Et ce défaut de sensibilité s'explique très bien quand ou considère que, dans l'appareil de ces expérimentateurs, le point d'atache du muscle se trouvant dans l'axe même du charbon vertical qu'il s'agit d'ébranler, les vibrations vont se perdre suivant cet axe sans faire varier le contact.

Au contraire, avec un charbon mobile disposé horizontalement, la direction des vibrations devient perpendiculaire à l'extrémité qui fait contact, et, si on a soin de supprimer l'action de la pesanteur par une suspension transversale de ce charbon, les plus petits ébranlements (même moléculaires) sont capables de déterminer une variation de résistance dans le contact. L'action de la membrane qui augmente l'amplitude des vibrations vient encore s'ajouter à la disposition précédente pour assurer la sensibilité de l'appareil.

Il y a, du reste, une contre expérience très facile à faire et qui permet de juger la question ; il suffit de remplacer le muscle par un corps inerte que l'on fait traverser par un courant d'induction ; une toute petite bobine de fil métallique fin, à noyau aimanté, remplit parfaitement ce but. Nous savons qu'une semblable bobine émet des sons faibles lorsqu'elle est traversée par des courants intermittents. Or, en suspendant cette bobine *au-dessous et dans l'axe* d'un microphone vertical, je n'ai pu entendre aucun son dans le circuit microtéléphonique ; tandis que la même bobine, placée sur la planchette verticale qui porte le microphone, ou suspendu au bouton de l'instrument représenté dans la figure 8, a déterminé des sons très-intenses dans le téléphone récepteur.

Enfin j'ajouterai que depuis la publication de son travail, M. de Boyer a pu se convaincre à deux reprises différentes, *qu'avec la disposition que je viens d'indiquer, la contraction du muscle sans charge s'accompagne toujours d'un bruit, faible il est vrai, mais parfaitement perceptible.*

2° La grenouille est fixée sur une planchette, et son gastrocnémien, détaché à sa partie inférieure, est reliée au bouton du microphone par un fil de cinq à six centimètres de longueur.

Bien qu'aucun courant ne traverse le muscle, le téléphone révèle cependant uu bruit continu, d'une tonalité très basse, et qui n'est autre que le bruit du *tonus* musculaire.

Pour m'assurer que le bruit n'est pas dû à la circulation du sang, je lie l'artère principale du membre, ou même l'aorte ; le son persiste avec sa même tonalité.

Je puis d'ailleurs élever cette tonalité en augmentant la tension du muscle (1), c'est-à-dire en l'allongeant légèrement, au moyen du fil qui le relie au microphone ; il est facile d'obtenir par ce moyen une tonalité analogue à celle qui accompagne la contraction du muscle. Ce phénomène montre bien l'influence de la contraction reflexe provoquée par l'extension du muscle ; en effet, il n'a plus lieu dès que le nerf est sectionné. Le bruit du tonus normal doit être rapporté à une action reflexe de même nature, mais moins énergique (contraction tonique).

En excitant le muscle ou le nerf avec des courants de pile, j'obtiens les mêmes résultats que j'ai signalés pour le muscle isol ; étant que le muscle est excitable, sa contraction s'accompagne d'un son dont la tonalité correspond au nombre des excitations électriques, et dont l'intensité varie avec celle de ces excitations.

Si, au lieu de courants de pile, j'emploie des

(1) D'après Tschiryew, le tonus des muscles augmente à mesure que ces muscles sont tendus.
(Archiv. f. phys. u. anat. 1879.

courants d'induction, le muscle continue à émettre des sons, alors même qu'ils ne se contracte plus d'une manière apparente. (1) Ce n'est plus alors un bruit de contraction que l'on entend, mais bien un chant électrique assez analogue à celui produit par les condensateurs chantants. En effet, le téléphone signale les même sons, si je substitue au muscle en expérience un morceau d'amadou légèrement humide ou un fil métallique extrêmement fin, ou, mieux encore, une petite bobine de fil de cuivre. (2) Il suffit donc, pour obtenir un son d'une tonalité semblable à celle du diapason interrupteur, d'intercaler dans le circuit induit un corps très résistant ou mauvais conducteur. Ce corps se mettra à vibrer à l'unisson du diapason.

Voici une série d'expériences entreprises par G. Bell et rapportées par M. du Moncel (3), qui concordent parfaitement avec ce que nous avançons ici.

« J'observai qu'un son musical était produit
« par le seul fait du passage d'un courant à tra-
« vers un morceau de plombagine ou de charbon
« de cornue. Des effets extrêmement curieux résul-
« taient aussi du passage de courants intermittents

(1) Cette observation est conforme à l'opinion de Legros et Onimus, rapportée plus haut — voir la note de la page 109.

(2) On peut rapprocher de cette expérience celle que nous avons décrite à la page 72.

(3) **Du Moncel.**
Loc. cit. p. 52.

« alternativement renversés à travers le corps hu-
« main. Ainsi un rhéotome étant placé dans le
« circuit primaire d'un appareil d'induction, et
« les deux bouts du fil du circuit secondaire étant
« réunis à deux électrodes de cuivre dont une
« était placée près de l'oreille, on percevait
« des sons très-distincts aussitôt que l'on touchait
« de la main l'autre électrode. En touchant des
« deux mains les deux électrodes et plaçant les
« doigts contre l'oreille, des craquements se fai-
« saient entendre et semblaient venir des doigts,
« comme s'ils étaient la repercussion du tremble-
« ment musculaire résultant du passage des cou-
« rants induits.... Quand on faisait passer le cou-
« rant intermittent de la bobine de Ruhmkorff à
« travers le bras d'une personne, on pouvait, en
« y appliquant l'oreille, entendre un son qui sem-
« blait provenir des muscles de l'avant-bras et du
« biceps. »

Les courants induits doivent donc être laissés
de côté, lorsqu'il s'agit d'étudier le bruit musculaire; car ils produisent par eux-mêmes un bruit
spécial qui pourrait être pris pour le bruit de la
contraction. En d'autres termes, dans un muscle
tétanisé par des courants induits très rapides, on
entend deux sortes de vibrations:

1° des vibrations de contraction, ou vraiment
musculaires.

2° des vibrations purement électriques. (1)

J'ai essayé de dissocier ces deux ordres de vibrations. Le moyen qui se présente naturellement à l'esprit est d'exciter mécaniquement le nerf avec un diapason ; malheureusement ce moyen est incompatible avec l'emploi du microphone, parce que les vibrations du diapason se communiquent à l'instrument à travers les tissus de l'animal et le son produit par le téléphone peut être aussi bien rapporté à ces vibrations mécaniques qu'à celles du muscle lui-même.

L'excitation électrique du nerf seul ne met pas non plus à l'abri du phénomène des vibrations purement électriques ; j'ai pu m'en assurer plusieurs fois.

Restait un autre moyen ; c'était d'étudier les vibrations, non plus sur le muscle directement excité, mais sur celui d'une *patte induite*. Cette expérience m'a donné des résultats tout à fait satisfaisants et à l'abri des causes d'erreur que je viens de signaler. La grenouille *inductrice* est placée sur une première planchette, et son nerf sciatique excité soit par un courant électrique, soit avec un diapason ; sur son gastrocnémien découvert, repose le nerf d'une autre patte de grenouille, détachée

---

(1) Ce sont ces vibrations électriques qui ont été quelquefois prises pour des secousses musculaires lorsqu'on auscultait le muscle au moyen du téléphone seul ; cet instrument était actionné par des courants dérivés de l'induit.

de l'animal, et fixée sur une seconde planchette, complètement isolée de la première ; le muscle de cette *patte induite* est relié au bouton du myophone.

J'ai pu m'assurer ainsi que le muscle induit vibre toujours à l'unisson de l'appareil excitateur tant que ce muscle se contracte d'une manière apparente. Mais, dès qu'il est devenu inexcitable, aucun son n'est produit par le téléphone récepteur, sauf quelquefois le bruit d'une secousse isolée au début de l'excitation. En reliant alors le myophone au muscle directement excité (muscle inducteur), je perçois toujours le son de l'interrupteur du courant, c'est-à-dire les vibrations purement électriques que la patte induite est incapable de transmettre.

Le même myophone appliqué sur l'homme, au niveau d'une forte masse musculaire telle que le biceps brachial ou les muscles antérieurs de la cuisse, indique parfaitement le bruit de roulement sourd et continu dû au tonus normal. Lors de la contraction volontaire, la tonalité de ce son est brusquement élevée, en même temps que son intensité augmente. Cette tonalité continue d'ailleurs de s'élever à mesure que la contraction devient elle-même plus forte. Cette expérience confirme pleinement l'opinion de M. le professeur Marey qui avait entendu la tonalité du muscle masséter s'élever d'une quinte pendant qu'il le contractait avec une force croissante.

Le bruit que l'on entend pendant le repos du muscle a été attribué par quelques observateurs à la circulation sanguine qui se fait à l'intérieur des muscles et surtout dans l'épaisseur de la peau. Il est facile de répondre à cette objection par une expérience décisive: j'applique la bande d'Esmarck sur le membre supérieur d'un sujet, puis je lui fait poser légèrement l'extrémité de l'index sur le bouton explorateur du microphone; le bruit de roulement persiste toujours avec sa même tonalité, bien que la circulation soit absolument interrompue.

Parmi les *muscles paralysés*, il faut distinguer ceux qui sont lâches, flaccides, détendus, et ceux, au contraire, qui sont en état de contracture.

Les premiers, ainsi qu'on peut le prévoir, fournissent un bruit de tonus très-affaibli et souvent nul. (1) Le myophone appliqué à leur niveau ne révèle que les variations de volume causées par les ondées artérielles, ou même quelquefois le bruit

(1) Dans toutes ces expériences avec le myophone, il est important de n'employer qu'un courant très peu énergique, celui d'un seul élément au chlorure d'argent, par exemple. Plus les vibrations que l'on veut constater sont faibles, plus le courant lui-même doit être réduit. On évite ainsi les erreurs qui seraient produites par l'action d'un courant énergique sur les contacts de charbons d'un appareil aussi sensible. D'autre part, les ébranlements mécaniques produiraient, avec un courant fort, des bruits très intenses qui gêneraient pour la perception des bruits plus faibles.

des muscles voisins, lorsque ceux-ci sont restés sains. Dans ce dernier cas, les muscles paralysés servent de conducteurs à ces bruits ; mais ceux-ci sont toujours plus faibles à leur niveau et on peut facilement se rendre compte qu'ils ne sont que communiqués, en changeant l'explorateur de place.

L'affaiblissement du bruit musculaire est en rapport direct avec le degré de paralysie. Lorsque celle-ci est complète, et qu'elle atteint tous les muscles d'un membre, on n'entend plus rien qui rappelle le roulement caractéristique du tonus.

Le myophone permet, dans ce cas, de constater si les muscles sont encore sensibles à l'action des courants électriques ; quelque faible que soit la contraction provoquée par l'excitation galvanique ou faradique, elle se révèle instanément par un bruit dans le téléphone récepteur. J'ai plusieurs fois observé ainsi que des muscles paraissant complétement inexcitables à la vue, étaient encore sensibles à l'action de l'électricité. C'est là, je crois, un moyen précieux de diagnostic dans un grand nombre d'affections qui s'accompagnent de paralysies musculaires

La *contracture* détermine un bruit plus intense et d'une tonalité plus élevée que le bruit de la contraction normale, lorsque les muscles contracturés ne sont pas en même temps atrophiés. D'une façon générale, on peut dire que, *si la paralysie fait*

descendre le bruit musculaire jusqu'à O, la contrac-
ture le porte à sa limite maxima, la tonalité moyenne
étant obtenue lors de la contraction volontaire nor-
male.

Mon collègue M. Brissaud et moi, avons entrepris à la Salpétrière, dans le service de M. Char-
cot, quelques recherches sur le bruit musculaire
des membres contracturés, et nous pensons que les
résultats auxquels nous sommes arrivés peuvent
corroborer la théorie qui fait résider les contractures permanentes dans une exagération du tonus
normal (1).

Le myophone est appliqué, par exemple, sur la
face antérieure de l'avant bras, au moyen d'une
petite courroie qui le rend immobile, et assure la
pression du bouton qui doit agir sur l'un des deux
charbons. (2) Si le membre est inerte, ballant, on
n'entend qu'un bruit continu, excessivement faible, lequel ne serait autre, selon M. d'Arsonval
que le bruit du tonus normal, et auquel vient s'a-
jouter à chaque ondée sanguine, un bruit tout différent plus fort, rhythmé et occasionné sans nul

(1) Boudet de Pâris et E. Brissaud.
Séance de la Soc. de Biologie du 6 déc., 1879.

(2) Ce mode d'application du microphone, au moyen d'une courroie
est très défectueux, lorsqu'il s'agit d'explorer d'autres bruits que
ceux de la circulation. On verra plus loin comment nous avons
essayé de substituer à toute espèce de lien la pression atmosphérique mise en jeu au moyen d'une ventouse. Ce moyen avait déjà
été appliqué par un de nos confrères de Belgique, le Dr. Van Ermengem.

doute par le déplacement des tissus sous l'influence de la poussée sanguine.

Dès que le sujet vient à fléchir un doigt, on perçoit le bruit musculaire ; celui-ci est très sonore, très régulier ; il suggère immédiatement à l'esprit l'ancienne comparaison du roulement lointain des voitures sur le pavé ; d'où lui est resté d'ailleurs la qualification de *bruit rotatoire*.

Nous avons aussi exploré les muscles d'un assez grand nombre de malades atteintes de contracture permanente à la suite de lésions cérébrales ou spinales déjà très anciennes ; nous avons examiné de même plusieurs hystériques affectées de contractures passagères ou permanentes, et les résultats fournis par ces diverses investigations nous ont toujours montré la plus entière concordance.

Le myophone étant placé sur le biceps du côté gauche, chez une femme atteinte d'*hémiplégie* droite, on entend les pulsations artérielles nettement rhythmées et le roulement du tonus normal. Sur le biceps du côté droit, au contraire, on entend un bruit rotatoire, à peu près constant il est vrai, mais plus faible que celui de la contraction volontaire normale, et aussi plus irrégulier, plus saccadé, présentant des interruptions intermittentes ou des renforcements qui ne permettent plus de distinguer le rhythme des artères sous jacentes ; il semble que les fibres musculaires se contractent les unes après les autres, en se suppléant sans

8.

cesse, les unes plus fortes, les autres plus faibles. Somme toute, ce bruit se différencie du bruit de la contraction par son intensité moindre par ses intermittences et ses redoublements.

La *contracture hystérique* ressemble de tous points, sous le rapport du bruit musculaire, à la contracture hémiplégique ; mais comme, en pareil cas, les muscles ne sont nullement atrophiés, contrairement à ce que l'on observe si fréquemment dans les hémiplégies anciennes, le bruit est plus ample, quoique toujours irrégulier.

Chez les malades atteintes de *tabes dorsal spasmodique*, l'auscultation des muscles extenseurs de la jambe nous a donné des indications absolument identiques. Mais nous avons également expérimenté sur les muscles fléchisseurs de la jambe dans le tabes dorsal et sur les muscles extenseurs de l'avant-bras dans la contracture en flexion des hémiplégies anciennes ; et le myophone nous a rendu le même bruit perceptible dans tous les muscles du membre contracturé, c'est-à-dire *dans tous les groupes antagonistes et partout au même degré.*

Depuis l'époque de cette communication j'ai eu souvent l'occasion de pousuivre cette étude chez des hémiplégiques dans le service de M. le Dr Debove à Bicêtre. J'ai pu aussi, grâce à la bienveillance avec laquelle M. Debove a accueilli ma collaboration étudier la contracture dans plusieurs autres maladies et notamment dans le *tremblement sénile* et la *paralysie agitante*.

C'est ainsi que nous sommes arrivés à cette conclusion que le tremblement sénile n'atteint en général qu'un seul muscle ou un seul groupe musculaire dans le même membre et que les muscles antagonistes de ceux agités par le tremblement sont toujours le siège d'une contracture dont le degré détermine l'amplitude des oscillations du tremblement; plus la contracture est forte, plus les oscillations des antagonistes ont d'amplitude.

Les mêmes observations s'appliquent d'ailleurs à tous les cas de tremblement et surtout à celui de la paralysie agitante. Dans cette dernière maladie on peut facilement faire accroitre l'amplitude des oscillations en déterminant le maximum de contracture au moyen d'une forte excitation électrique. On diminue au contraire l'amplitude du tremblement, et l'on peut même souvent le faire cesser complètement en faradisant les muscles trembleurs, c'est-à-dire en rétablissant l'équilibre d'exagération tonique entre les deux groupes musculaires antagonistes.

Quant au phénomène du *tremblement* lui-même, on comprend combien le myophone est utile pour étudier ses oscillations et son rhythme. Souvent, lorsque la contracture des antagonistes augmente, on serait tenté de croire que les oscillations deviennent elles-mêmes plus rapides; j'ai souvent

vu commettre cette erreur. L'oreille, en pareil cas,
est meilleur juge que la vue pour distinguer
une différence de rythme, et le myophone indique précisément que, chez le même sujet, et pour
un même groupe musculaire, le tremblement a
toujours le même nombre d'oscillations par seconde, l'amplitude de ces oscillations est seule
soumise à des variations.

On vient de voir que les deux limites extrêmes
du bruit musculaire sont observées dans la paralysie et dans la contracture. Une autre maladie,
l'ataxie locomotrice progressive présente des modifications locales de tel ou tel muscle (au point de
vue de la tonicité) qui s'accusent par des différences correspondantes dans l'intensité et la tonalité du bruit musculaire. (1)

« Chez la plupart des ataxiques, on constate au
« toucher que les muscles d'un même membre
« présentent une consistance inégale ; ce qui par-
« rait devoir être attribué à une diminution de
« tonicité de certains d'entre eux. En examinant
« ces mêmes muscles à l'aide du myophone ima-
« giné par l'un de nous, nous avons pu saisir de
« grandes variations dans la tonalité et surtout
« dans l'intensité du bruit musculaire. Or, le bruit

(1) Debove et Boudet de Pâris.
Soc. de Biologie, séance du 15 février 1880.

« musculaire étant dû au tonus, nous nous som-
« mes crus autorisés à conclure que ce dernier
« était très inégal chez les ataxiques. »

CHAPITRE QUATRIÈME

ETUDE DES BRUITS INTRA-THORACIQUES

ETUDE DES BRUITS INTRA-THORACIQUES

Depuis l'apparition du microphone, tous les expérimentateurs ont tenté d'appliquer cet instrument à l'étude des bruits intra-thoraciques, et il
faut avouer que, jusqu'à présent, les résultats ont
été fort peu encourageants. Devons-nous en conclure, comme quelques-uns l'ont fait, que l'auscultation microphonique est impossible et que les
tentatives de ce genre resteront toujours stériles?
Certainement non ; quelque incomplets que soient
encore les faits acquis, il est évident que l'élan est
donné et les résultats obtenus dans ces derniers
temps permettent d'espérer un succès prochain.

Pour ma part, je suis intimement convaincu
que les insuccès du début doivent être imputés à
l'imperfection des appareils employés et à la connaissance incomplète du mode de fonctionnement
de ces appareils. On a cherché tout d'abord à amplifier les sons, avant de s'inquiéter s'ils pouvaient
être reproduits indistinctement par tel ou tel microphone. et il en est résulté une série de décep-

tions qui ont failli porter un coup mortel à ce merveilleux instrument, déjà en but aux attaques des sceptiques.

Le microphone à charbon vertical de Hughes a été pendant longtemps le seul employé pour l'auscultation de la poitrine, et c'est précisément celui qui donne les moins bons résultats dans ce genre de recherches. Sa sensibilité est très grande, il est vrai, mais son réglage est à peu près impossible ; et, lorsqu'on le place sur la paroi thoracique, le charbon mobile est bien plus influencé par les mouvements respiratoires et les chocs de la pointe du cœur que par les bruits intérieurs.

Le microphone de Gaiffe, dans lequel le charbon vertical est remplacé par une lamelle de même matière, que l'on incline plus ou moins sur ses deux contacts de charbons, présente le même inconvénient que celui d'Hughes ; et, en outre, il arrive souvent que cette lamelle de charbon se déplace ou même tombe complètement, lorsque l'appareil est exposé à des mouvements d'une certaine amplitude. Toutefois cet instrument a pu rendre des services entre les mains du Dr Gellé :

« J'ai rempli la condition première fondamentale
« (assurer le contact de la planche support avec
« le corps vibrant) en adoptant à la planche-sup-
« port du microphone de Gaiffe, un bouton arti-
« culé, susceptible de s'appliquer sur le malade
« debout ou couché ; cette avance solide fait corps

« avec l'appareil et transmet le bruit né d'un
« point limité du corps, d'une région facilement
« circonscrite. On évite donc ainsi la multiplicité
« des bruits de sources différentes, en restreignant
« la surface en contact ; et par suite on s'oppose à
« la confusion si nuisible à l'observation.

« Les occasions de frottements, de frôlements,
« deviennent également plus rares, on le conçoit.
« Par ce dispositif simple j'ai pu entendre nette-
« ment et faire entendre à plusieurs auditeurs les
« bruits de la respiration, ceux du cœur, soit chez
« l'homme, soit chez le chien.

« Le phénomène était beaucoup plus facile à
« percevoir quand je plaçais sur la plaque de bois
« du microphone un téléphone tourné du côté de
« la plaque vibrante. Nous avons vu que la plaque
« de charbon du microphone de Gaiffe ne peut
« être maintenue sans que l'appareil ne perde aus-
« sitôt ses qualités, tant la mobilité de ces orga-
« nes est délicate ; cette plaque tombe au moindre
« choc. Ceci doit faire préférer dans l'espèce le
« microphone, construit par Gaiffe également, qui
« est constitué par des fragments de cylindres
« de charbon de cornue placés bout à bout dans
« un tube de verre ; les deux fragments des extré-
« mités sont reliés au circuit. De plus, une vis
« graduée permet de pousser au contact, plus ou
« moins près l'un de l'autre, les fragments inclus
« dans le verre. On a, par avance, trouvé le point

« qui donne le maximum de transmission ; et pour
« tout le reste de l'expérience, les dispositions sont
« celles décrites plus haut. Aussi l'instrument
« est maniable et transportable ; son réglage
« seul exige beaucoup de tâtonnements. » (1)

C'est encore au microphone d'Hughes qu'a eu
recours le Dr Giboux dans ses premiers essais d'auscultation ; voici comment cet expérimentateur dis-
pose l'appareil explorateur :

« Un petit microphone ordinaire est monté sur
« une planchette très mince. Un porte-voix en
« bois léger, est armé, à son côté évasé, de pointes
« servant à le maintenir, sans cependant qu'il y
« ait contact (?) contre la partie postérieure du pla-
« teau inférieur du microphone, qui est également
« en bois léger et de faible épaisseur. Le côté op-
« posé de ce porte-voix qui sert d'explorateur est
« appliqué sur la région du cœur, à l'endroit pré-
« cis où l'on entend le mieux les bruits engendrés
« par cet organe. Une pile et les téléphones for-
« ment un circuit complet dans lequel se trouve
« compris le crayon de charbon à contacts im-
« parfaits. Une ceinture maintient aussi bien que
« possible l'appareil contre la poitrine. » (2)

(1) Dr Gellé.
    « Tribune Médicale » n° 562-1879, p, 244.
(2) Dr Giboux.
    Le microphone et ses applications en médecine.
            Paris 1878.

Le microphone de Ladendorf(1) est, à peu de chose près, semblable à celui du D[r]. Giboux, car les bruits sont transmis au microphone au moyen d'un stéthoscope ordinaire fixé sur la planchette de l'instrument.

Comme tous les autres expérimentateurs, Ladendorf avait à lutter contre les bruits étrangers, et c'est dans ce but qu'il a ajouté des patins de caoutchouc à son microphone, et qu'il l'a isolé sur une lame de verre. Malgré ces précautions, les sons perçus dans le téléphone sont bien difficiles à reconnaître, car l'appareil n'est pas à l'abri des chocs causés par les mouvements de la paroi thoracique.

En somme, le microphone à charbon vertical n'a fourni que des résultats fort incomplets, et cela se comprend quand on songe à l'extrême mobilité et à l'instabilité du crayon de charbon qui « ballotte » dans ses contacts. Chaque nouvelle position de ce crayon déterminant une variation dans la résistance que ses contacts opposent au passage du courant, il faudrait, pour que les données des expériences fussent comparables, que la position de ce crayon restât la même à tous les instants, ce qui n'est pas pratiquement possible. En outre, quelque bien isolé que soit l'appareil, il reste tou-

(1) Ladendorf.
Berliner Kl. Wochenschrift, sept. 1878, n° 38.

jours soumis aux influences des bruits extérieurs qui viennent agir sur sa planchette support ; il m'est souvent arrivé d'entendre à la fois les bruits du cœur d'un malade et les paroles prononcées par les personnes entourant son lit.

M. Trouvé a cherché à obvier à cet inconvénient en renfermant le microphone dans un petit étui de caoutchouc durci ; mais cette enveloppe ne suffit pas à détruire complétement l'effet des vibrations extérieures, et le crayon de charbon reste toujours trop instable, malgré les diverses inclinaisons qu'on peut lui donner.

Nous venons de voir que le Dr Gellé a mieux réussi en faisant usage du microphone constitué par des fragments de charbon placés bout à bout dans un tube de verre. Le même appareil avait du reste été employé pour mesurer des variations de tempérarature extrêmement délicates ; mais le réglage de cet instrument est tellement difficile que cela seul suffit à le faire rejeter de la pratique.

D'autres dispositions ont encore été essayées ; une des meilleures, due à M. T. Cuttriss, est la suivante : « Deux cubes de charbon juxtaposés sont « séparés seulement par une carte à jouer. Une « cavité semi-sphérique pratiquée à la partie su « périeure de cette masse, entre les deux charbons, « et dans laquelle on place quelques petites boules « de charbon d'une grosseur intermédiaire entre « celle d'un pois et celle d'un grain de moutarde

« permet d'obtenir des contacts multiples excessi-
« vement mobiles et éminemment propres à des
« transmissions téléphoniques. » (1)

On peut d'ailleurs remplacer ces boules multiples par une seule petite sphère de charbon con-
tenue dans la cavité creusée *au centre* des deux
charbons, et l'appareil devient alors très pratique ; il fonctionne dans toutes les positions et ne
nécessite aucun réglage.

L'instrument qui m'a servi pour l'étude du bruit
musculaire et qui est représenté dans la figure 8,
est également très bon pour l'auscultation des bruits
respiratoires. Pour les bruits du cœur, il est plutôt
trop sensible ; ou bien alors il faut avoir soin de
n'employer qu'un courant de pile extrêmement
faible ; sans cette précaution, les chocs de la pointe
du cœur produisent un bruit assourdissant qui
couvre le ton valvulaire et le bruit du passage du
sang dans l'organe.

Mais tous les appareils explorateurs dont je viens
de parler ont l'immense défaut de se laisser influencer aussi bien par les mouvements de la paroi
thoracique que par les vibrations sonores in-
trapulmonaires ou intracardiaques ; et souvent,
comme le font remarquer MM. Spillmann et Dumont, l'effet de ces mouvements prédomine telle-

(1) Du Moncel
Loc. cit. p. 187.

ment que l'oreille a une peine très grande à dissocier les bruits complexes fournis par le téléphone.
Si l'instrument est maintenu sur la paroi thoracique au moyen d'une ceinture, celle-ci transmet
au microphone tous les chocs qui ont lieu sur les
divers points de sa continuité ; quelque élastique
qu'elle soit, elle n'empêche pas le microphone d'ê-
tre secoué par chaque expansion respiratoire de la
poitrine. Si, au contraire, l'appareil est tenu à la
main, de nouvelles causes d'erreur apparaissent ;
ou bien il y a des frottements parce que la main
ne suit pas exactement les mouvements de la paroi, ou bien les bruits musculaires nés dans la
main qui tient l'appareil influencent directement
celui-ci et viennent se mêler à ceux que l'on cherche à entendre.

Il fallait donc trouver un moyen d'exploration
qui permît d'éviter tous ces inconvénients. Après
plusieurs essais, j'arrivai à l'idée d'utiliser le *vide
produit par une ventouse* pour fixer le microphone
sur la paroi thoracique, lorsque je reçus la lettre
suivante de M. le Dr Van Ermengem avec lequel
j'ai, depuis plusieurs mois, l'avantage d'entretenir
une correspondance pleine de profit pour moi :

« Vous m'avez quelque peu surpris en m'ap-
« prenant que vous aviez imaginé de placer le mi-
« crophone dans une ventouse appliquée sur le
« paroi thoracique. J'ai eu la même idée au début
« de mes recherches, en novembre 1878, et j'ai

« combiné un appareil de ce genre qui a été cons-
« truit par M. Clasen. L'idée de la ventouse m'est
« venue en cherchant à éviter les bruits étrangers
« que déterminaient les différents moyens de fixa-
« tion que j'avais essayés.....

« Après les intéressantes causeries que nous
« avons eues ensemble, et surtout après la foi si ro-
« buste que vous m'avez semblé avoir dans le suc-
« cès final du microphone appliqué à l'ausculta-
« tion, je me suis senti engagé à reprendre mes
« anciens plans. Depuis trois semaines environ,
« M. Clasen s'est occupé d'un modèle de ventouse
« très simplifié ; je comptais bien vous envoyer
« une description de cet appareil aussitôt qu'il au-
« rait été convenablement exécuté, lorsque j'ai
« reçu votre lettre qui m'apprend que nous travail-
« lons sur un fonds commun : *fixer le microphone*
« *sur la paroi thoracique au moyen du vide*. Je me
« réjouis de cette coïncidence bien fortuite et im-
« prévue, et je suis assuré qu'elle ne saurait nuire
« à vos succès. Si l'idée d'employer une ventouse
« pour maintenir le microphone m'appartient en
« propre depuis l'année 1879 et a été réalisée par
« moi à cette date (janvier 1879) il n'est pas moins
« incontestable que vous avez imaginé une dispo-
« sition analogue sans avoir eu connaissance de
« la priorité qui m'est acquise. ».....

L'idée d'utiliser la ventouse pour fixer le microphone appartient donc de plein droit à M. Van

Ermengem, et il est facile de se rendre compte des avantages que l'on peut en retirer.

En effet, l'appareil explorateur suit alors passivement tous les mouvements du thorax sans éprouver aucune secousse ; il fait corps avec la paroi de la poitrine et tous les bruits qu'il révèle sont bien certainement intrathoraciques ; les bruits mécaniques sont totalement supprimés, à part les chocs de la pointe du cœur.

En plaçant à l'intérieur même de la ventouse un microphone à charbon horizontal (comme celui de la figure 8) dont la pression est réglée par un ressort en papier ou l'attraction magnétique, il devient facile d'explorer les bruits respiratoires les plus délicats, aussi bien que les bruits cardiaques ; le courant d'un seul élément au chlorure d'argent de Gaiffe suffit pour actionner un tel appareil, et, comme il est possible d'intercaler dans le circuit un nombre quelconque de téléphones récepteurs, plusieurs personnes peuvent entendre en même temps les différents bruits normaux ou pathologiques qui prennent naissance à l'intérieur de la poitrine.

C'est ainsi que j'ai pu constater l'exactitude des observations si intéressantes qui ont été faites par M. le Dr Prat sur la double tonalité du bruit respiratoire normal. M. le Dr Prat considère en effet avec raison la chambre atmosphérique formée par la trachée, les bronches et les alvéoles pulmonaires comme une caisse de résonnance qui joue par rapport aux cordes vocales le rôle que joue la caisse d'un violon par rapport aux cordes de cet instrument. Or, les expériences entreprises par Savart et Vuillaume le célèbre luthier, ont parfaitement démontré que les meilleurs violons, et en particulier ceux des Stradivari, ont une caisse construite de telle sorte que les deux tables qui la composent possèdent une tonalité propre différente, *le fond étant exactement un ton plus bas que la table d'harmonie*. M. le Dr Prat a retrouvé cette même différence dans la caisse de résonnance formée par les organes sous-laryngiens. (1) « L'inspira-« tion donne le *ré* de la troisième corde que l'ar-« chet fait vibrer à vide et l'expiration donne l'*ut* « au-dessous de ce ré. »

Avec un microphone bien construit, ces propositions sont très faciles à vérifier, surtout pour ce qui a rapport aux bruits respiratoires.

Quant aux bruits du cœur, ils sont bien plus complexes, et le microphone permet de reconnaître, après quelque temps d'étude, les claquements valvulaires, le frottement du sang sur les parois de l'organe et le bruit musculaire qui accompagne sa contraction.

(1) Dr Prat.
Physiologie de l'audition.
« Gazette médicale de Paris » 1869.

Il est même possible de distinguer les bruits auriculaires des bruits ventriculaires. Lorsque l'appareil est bien réglé, on entend très nettement la contraction de l'oreillette ; le rhythme des bruits cardiaques se rapproche alors beaucoup de celui que l'on désigne en pathologie sous le nom de bruit de galop.

Quelque perfectionné que fût ce nouveau microphone, il ne m'a pas paru répondre complètement à tous les desiderata. Dans les mains d'une personne habituée à se servir de ces instruments, il donne d'excellents résultats ; mais son emploi exige une certaine habileté qui ne peut s'acquérir que par l'expérience, et les cliniciens n'aiment pas, en général, à faire l'apprentissage des instruments que la physique met à leur disposition. En outre, la construction de ce microphone est très délicate et, par cela même, rend son prix assez élevé.

Ces diverses considérations m'ont amené à modifier sa disposition de façon à le rendre plus pratique, tout en lui conservant les avantages qui le font supérieur aux autres appareils employés jusqu'ici.

La nouvelle disposition que j'ai imaginée à parfaitement répondu à mon attente, et M. le professeur Béclard à bien voulu faire à mon stéthoscope l'honneur d'une démonstration publique dans une de ses leçons à la faculté de médecine. (1)

(1) Cours du 16 avril 1880.

Quant à ce qui a rapport au fonctionnement de ce microphone, on pourra en juger par la lecture de la communication que M. d'Arsonval a faite à son sujet à l'une des dernières séances de la société de Biologie (1).

« Cet appareil se compose d'un microphone très sensible placé sur un tambour assez semblable à ceux de M. Marey. Un petit embout d'ivoire ou de corne, en forme d'entonnoir sert d'explorateur et s'applique sur les vaisseaux, sur les muscles ou sur le cœur. Un tube de caoutchouc relie cet embout au tambour récepteur dont la membrane est faite en *vessie de porc* très fortement tendue. Au centre de cette membrane est fixée une pastille de charbon au-dessus de laquelle un petit cylindre horizontal de charbon oscille autour d'un axe transversal. La pression réciproque des charbons est réglée par un V de papier écolier comme dans les autres appareils déjà connus (sphygmophone, myophone et parleur microphonique) de M. Boudet.

« Deux fils conducteurs réunissent les charbons à la pile et au téléphone. On peut d'ailleurs intercaler dans le circuit un certain nombre de téléphones de façon à permettre à plusieurs personnes d'ausculter en même temps.

« Au premier abord, l'appareil de M. Boudet

(1) Société de Biologie.
   Séance du 10 avril 1880.

présente une certaine analogie avec le stéthoscope
de M. Ducretet; (1) il en diffère cependant com-

Fig. 9.

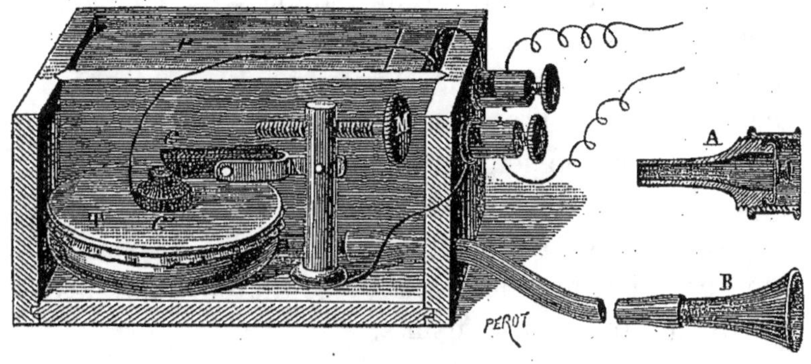

Stéthoscope.

plètement, tant par le système de transmission que

(1) « M. Ducretet a construit un microphone stéthoscopique qui
est d'une extrême sensibilité. C'est un microphone à charbon, à
simple contact, dont le charbon inférieur est adapté à un tambour
à membrane vibrante de M. Marey. Ce tambour est relié par un
tube de caoutchouc à un autre tambour qui est destiné à être appliqué sur les différentes parties du corps à ausculter et que l'on
appelle en conséquence tambour explorateur; la sensibilité de l'appareil est réglée au moyen d'un contrepoids qui se visse sur le bras
d'un levier basculé auquel est fixé le second charbon. Tout le
monde connaît la grande sensibilité des tambours de M. Marey
pour la transmission des vibrations et cette sensibilité étant encore augmentée par le microphone, l'appareil acquiert une impres-
sionnabilité extrême, peut-être même trop grande, car il revèle
toutes espèces de bruits qu'il est très difficile de distinguer les uns
des autres. Du reste, cet appareil ne pourrait donner de bons ré-

par le microphone. En effet, dans l'instrument de
de M. Ducretet, les tambours explorateur et récepteur sont, comme ceux de M. Marey, recouverts
d'une membrane assez lâche de caoutchouc. Or,
par sa nature même, cette membrane joue le rôle
d'un étouffoir des vibrations sonores, et ne peut
transmettre que les impulsions mécaniques; on
sait qu'il est impossible d'entendre les bruits du
cœur en auscultant avec le tambour explorateur
de M. Marey; on sent seulement des poussées d'air
qui viennent frapper la membrane du tympan,
sans produire aucun son. Au contraire, la vessie
du porc bien tendue sert de résonnateur pour les
bruits qui lui sont transmis.

« Quant au microphone dont se sert Mʳ Ducretet, il est réglé par une masse métallique faisant
contre-poids, et cette masse est énorme lorsqu'on
la compare aux ébranlements infiniment petits
que doit subir le contact des charbons. En outre,
ce contact est disposé de telle façon que la moindre impulsion mécanique provoque une rupture

sultats que confié à des mains expérimentées, et il faudrait évidemment une éducation auditive particulière pour qu'on puisse en tirer
parti.

Dans un ouvrage que vient de publier le Dʳ Giboux sur l'application du microphone à la médecine, ce système stéthoscopique est
assez vivement critiqué, et ce n'est pas sans raison; car. d'après M.
Giboux, il n'est sensible qu'aux mouvements produits à la surface du corps, et les bruits intérieurs y sont sinon entièrement
dissimulés, du moins complètement dénaturés.

(Du Moncel, loc. cit. p. 210.)

complète du courant. Avec le réglage au papier ces inconvénients disparaissent et l'appareil peut conserver toute sa sensibilité sans qu'il y ait à craindre les crachements produits par l'écartement brusque des charbons.

« Lorsqu'on applique légèrement, et sans faire aucune pression, l'embout d'ivoire sur une artère superficielle on entend non-seulement les bruits produits par le passage des ondes sanguines (pulsation vraie et dicrotisme) mais aussi tous les bruits de souffle qui ont lieu à l'intérieur du vaisseau. *Ce qui démontre suffisamment que le microphone peut être influencé par des bruits autres que les bruits solidiens*, contrairement à ce que certains expérimentateurs avaient pensé. Car, dans cette expérience, le son est transmis par une colonne d'air à la membrane résonnante du tambour microphonique. Quant au bruit musculaire, il est également très bien entendu, lorsqu'on applique une seconde membrane de vessie sur l'orifice de l'embout explorateur. Cette membrane joue alors elle-même le rôle d'un premier résonnateur dont les vibrations sonores vont agir sur la membrane du tambour récepteur, en ébranlant la colonne d'air renfermée dans le tube de caoutchouc. »

Depuis, nous avons essayé, avec MM. d'Arsonval et Gaiffe de simplifier encore cet explorateur microphonique, en y adaptant le réglage par attraction magnétique. L'appareil est alors d'une construction peu coûteuse, et il devient si facile à manier qu'il n'est besoin d'aucune étude préalable pour s'en servir convenablement.

Comme on peut le voir dans la figure 9, le ressort en papier est remplacé par l'attraction qu'exerce la vis M en acier aimanté sur une petite aiguille d'acier, couchée sur le charbon oscillant.

Tout le reste de l'appareil est semblable à la description que nous venons de donner plus haut; seulement M. Gaiffe en a ingénieusement réuni tous les éléments dans une petite boite très portative qui renferme en même temps la pile P destinée à fournir le courant.

De sorte que pour se servir de cet explorateur, il suffit de fixer sur les bornes les deux extrémités des fils [du téléphone. En tournant la vis M à droite ou à gauche, ou augmente ou on diminue la pression des deux charbons, et l'on peut ainsi obtenir tous les degrés de sensibilité nécessaires pour les différentes recherches que l'on veut faire.

Cet instrument remplace donc avantageusement tous les sphygmophones, myophones et cardiophones employés jusqu'ici, et, en outre, la facilité de son réglage en fait un excellent transmetteur de la parole.

CHAPITRE CINQUIÈME

ÉTUDES DES BRUITS CIRCULATOIRES

CHAPITRE CINQUIÈME.

ETUDE DES BRUITS CIRCULATOIRES.

———

Le stéthoscope microphonique dont je viens de donner la description dans le chapitre précédent, a surtout été construit dans le but d'étudier les bruits physiologiques et morbides qui accompagnent le passage du sang dans les vaisseaux artériels et veineux. Il a sur les autres appareils le double avantage de supprimer l'effet des grands mouvements et de pouvoir s'appliquer sur toutes les parties du corps.

Depuis longtemps déjà un certain nombre de microphones avaient été construits pour l'exploration de la radiale. J'ai cité le *sphygmophone* de Stein, qui n'est en réalité qu'un simple interrupteur du courant, une sorte de clef de Morse actionnée par les mouvements de l'artère ; il ne mérite donc en aucune façon d'être rangé parmi les appareils microphoniques.

MM. Spillmann et Dumont ont modifié l'instrument de Stein en substituant au ressort d'acier un ressort de papier (1) sur lequel est fixé le charbon mobile. Dans ces conditions, la sensibilité du sphygmophone est augmentée, mais il est encore incapable de reproduire les *bruits* de la circulation.

En Angleterre, le D* Richardson avait pensé à utiliser les mouvements du style d'un sphygmographe pour produire des variations de contact, reproduisant, sous forme de bruits, les diverses phases de la pulsation artérielle. La communication qu'il fit à ce sujet, devant la société médicale de Londres est pleine de détails intéressants, et je crois devoir en reproduire ici les principaux passages :

« L'appareil est constitué par un microphone
« de Hughes, un sphygmographe, une pile et un
« téléphone, reliés de telle façon que, lorsque le
« style qui est mis en mouvement par la pulsation
« artérielle, traverse la plaque du microphone,
« laquelle est faite de métal ou de charbon com-
« primé, les lignes et les courbes tracées par le
« style sont traduites en sons par le téléphone. Ces
« sons peuvent être rendus assez forts pour être
« entendus par un grand nombre de personnes à
« la fois, ou, au contraire, réduits à un simple

(1) Société de médecine de Nancy.
Séance du 22 janvier 1879.

« murmure qui exige l'application directe du té-
« léphone sur l'oreille.

« Les bruits ainsi recueillis sont au nombre de
« trois : l'un est long, correspondant à la ligne
« d'ascension du tracé sphygmographique, et re-
« présentant l'impulsion du ventricule gauche ;
« c'est le premier bruit. Un autre correspond à la
« ligne descendante et oblique du tracé, c'est le
« deuxième bruit ; et le troisième correspond à la
« petite ascension du tracé causé par l'occlusion des
« valvules aortiques...

« Dans les cas de maladie, les trois bruits ordi-
« nairement fournis par le téléphone sont modi-
« fiés de diverses façons :

« Dans les *palpitations*, pendant le paroxysme,
» on n'entend plus trois bruits distincts, mais un
« bruit rotatoire, rappelant celui d'une roue de
« moulin tournant très vite.

« Dans les cas d'*insuffisance aortique*, avec ré-
« gurgitation, il existe un quatrième bruit, très
« court, souvent très distinct et facile à reconnaî-
« tre. (1)

« *Quand l'impulsion ventriculaire est augmentée*,
« le premier bruit est prolongé, et le second est
« moins prononcé.

« Le *manque de force du ventricule* est indiqué

(1) A mon avis ce quatrième bruit est uniquement dû au ressaut
du levier inscripteur, lequel ressaut, dans les tracés du pouls, produit le phénomène bien connu sous le nom de *crochet*.

« par la briéveté du premier bruit, et le relâche-
« ment artériel s'accuse par la faiblesse des
« deuxième et troisième bruits.

« Les *intermittences du cœur* sont marquées, dans
« les cas graves, par des intervalles de silence
« complet ; mais dans les cas moins prononcés,
« lorsque le malade est lui-même inconscient de
« ces intermittences, on peut entendre une série
« de bruits ou de vibrations très délicates, comme
« si le ventricule, incapable de donner un vérita-
« ble battement, n'envoyait pas moins le sang dans
« l'arbre artériel.

« Dans l'*anémie*, en outre des trois bruits ordi-
« naires, on entend souvent un faible murmure ; et,
« dans certains cas, alors même que l'anémie n'est
« pas le symptôme prédominant, on peut encore
« parfois reconnaître ce murmure. » (1)

L'année dernière, je fis construire un sphygmophone différent des précédents, en ce sens que sa
sensibilité peut être portée aussi loin que l'on veut,
sans que les mouvements imprimés par l'ondée
sanguine apportent aucune gêne à l'auscultation
des bruits intra-artériels. La figure 10 représente
cet appareil, très élégamment construit par M.
Verdin.

(1) D\r Richardson
    « The Lancet » 25 octob. 1879. p. 617.

Une petite lame de caoutchouc durci de 5 sur 2 centimètres, très légèrement concave, et percée d'un orifice à son centre, sert de base à l'appareil.

FIG. 10.

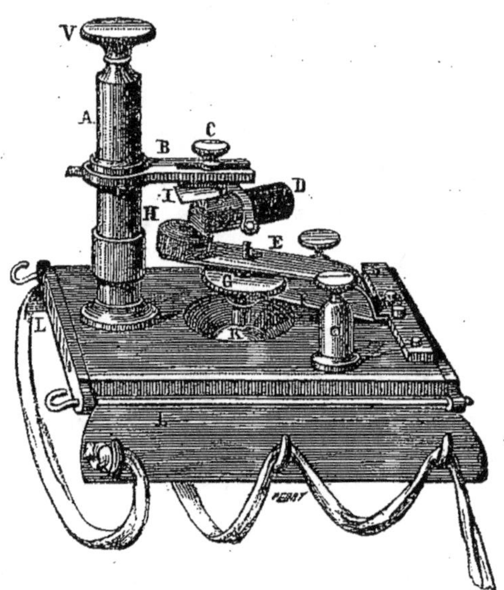

Explorateur Microphonique.

A. — Tige de cuivre sur laquelle monte et descend le chariot B.

C. — Vis de serrage permettant d'avancer ou de reculer le charbon mobile D.

E. Ressort portant le charbon H.

E. — Ressort portant le bouton explorateur K.

G. — Vis permettant l'écartement des deux ressorts et par conséquent des pressions différentes du bouton K sur l'artère.

I. — Ressort en papier réglant la pression des charbons.

V. — Vis micrométrique réglant la hauteur du chariot B sur la tige A.

L. — Ailettes mobiles maintenant l'appareil sur le bras.

A l'une de ses extrémités s'élève une tige A, haute de 3 centimètres environ, et sur cette tige monte et descend, au moyen d'une vis micrométrique V, un tout petit chariot de cuivre B, entre les montants duquel oscille, sur un axe transversal, un cylindre de charbon D, long de 1 centim. 1/2 et épais de 5 millimètres.

Au-dessous de ce premier charbon, vient aboutir l'extrémité libre d'une mince lame de ressort E, placée horizontalement, et fixée par son autre bout à l'extrémité opposée de la planchette de caoutchouc durci. A ce ressort est adaptée une petite lentille de charbon H, qui vient toucher continuellement l'extrémité du cylindre de charbon oscillant.

Enfin, sous ce premier ressort, et parallèlement à lui se trouve un autre ressort F, terminé par un bouton explorateur K, lequel traverse l'orifice de la planchette.

La moindre pression exercée sur le bouton se transmet, par l'intermédiaire des ressorts, aux deux contacts de charbon, et fait ainsi varier l'intensité du courant qui les traverse ; ces variations sont recueillies par un téléphone que l'observateur applique à son oreille. La mobilité des deux charbons en contact fait comprendre l'extrême sensibilité de ce microphone.

Toutefois, il est nécessaire, dans ces expériences, d'obtenir un premier degré de pression initiale que la vis de réglage peut déjà donner en partie, puis qu'elle permet d'appuyer plus ou moins le cylindre oscillant de charbon sur la lentile inférieure. Mais ceci n'est pas suffisant; car si l'on explore un pouls un peu ample, les mouvements communiqués aux ressorts soulèveraient brusquement le charbon supérieur et détermineraient des ruptures de courant. Nous avons obvié à cet inconvénient, en plaçant à l'intérieur du petit charriot, au-dessus de l'une des extrémité du cylindre oscillant, un petit morceau de papier écolier plié en forme de V, et qui fait office de ressort.

Ainsi constitué, l'appareil, placé sur une artère. indique tous les bruits qui se passent à l'intérieur du vaisseau, et, avec un peu d'habitude, on arrive très aisément à distinguer les différences de rhythme, les bruits de souffle, etc. La pulsation est très fortement accentuée, le dicrotisme normal devient perceptible; en un mot, on *entend le tracé du pouls,* tel qu'il est inscrit par le sphymographe.

Cet appareil, tel qu'il a été construit par M. Verdin, est un véritable instrument de précision; il est donc excellent lorsqu'il s'agit d'explorer l'artère radiale, et c'est même celui qui donne les meilleurs résultats; mais il ne peut commodément s'appliquer sur les autres artères telles que les carotides, la fémorale, etc. ni surtout sur les veines. Il est préférable alors de se servir du stéthoscope microphonique représenté dans la figure 9. L'embout de corne pouvant être maintenu au niveau des vaisseaux sans exercer aucune pression sur eux, on évite la formation de ces bruits de souffle que produit la pression du stéthoscope ordinaire.

C'est à l'aide de ce stéthoscope que nous avons pu reconnaître, avec M. le Dr Debove, que *le second souffle crural de l'insuffisance aortique est un bruit propagé.* On sait que les opinions sont très différentes au sujet de l'origine de ce second bruit de souffle. Pour les uns, il serait causé par le reflux du sang vers le cœur, lors de la systole artérielle; mais les expériences entreprises par MM. Toussaint et Morat ont démontré que la vitesse en retour du sang n'existe pas dans l'insuffisance aortique. D'autres ont prétendu que l'ondée sanguine qui, à l'état normal, produit le dicrotisme de la pulsation s'accompagne d'un souffle lorsque les valvules aortiques sont insuffisantes; M. Marey a suffisamment prouvé que les ondes secondaires allant vers la périphérie ne peuvent plus exister lorsque les valvules sigmoides sont insuffisantes.

La question peut-être tranchée avec l'aide du microphone, et voici comment : l'embout de corne du stéthoscope microphonique est maintenu très légèrement au niveau de l'artère crurale, sans exercer de pression sur ce vaisseau. Le téléphone, approché de l'oreille fait parfaitement reconnaître le second souffle artériel. Un autre microphone

placé sur la région cardiaque permet d'ausculter
en même temps le cœur, en appliquant un second téléphone sur l'autre oreille. L'expérimentateur entend donc à la fois les bruits du cœur et
ceux qui se passent dans le vaisseau; or, il est
très facile de reconnaître ainsi que le deuxième
souffle cardiaque et le second souffle crural sont
synchrones. On peut encore s'en assurer en inscrivant les mouvements du cœur et les pulsations
de l'artère, et en pointant sur ces tracés le mo-

FIG. 11

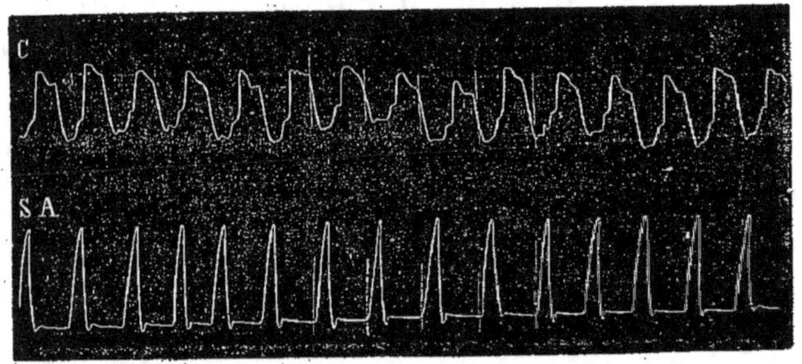

C. Tracé du cœur.
S. A. Tracé indiquant le moment où se produit le second souffle
crural.

ment exact où l'on entend le second souffle crural.

Dans l'expérience représentée figure 11, un
tambour explorateur (cardiographe) de M. Marey

était appliqué au niveau de la pointe du cœur et donnait le tracé C. L'embout du stéthoscope microphonique, placé sur l'artère crurale, permettait d'entendre le second souffle artériel et de bien préciser le moment de sa production. Un autre tambour à air, placé sous le doigt de l'explorateur servait à transmettre à un tambour inscripteur une légère poussée faite au moment même où l'oreille percevait ce second souffle artériel (tracé S. A). Au moyen des repères, il est facile de voir sur cette figure que le moment du second souffle crural correspond exactement à la diastole cardiaque, c'est-à-dire au moment où à lieu aussi le deuxième souffle cardiaque.

Le tambour explorateur est ensuite placé sur

FIG. 12

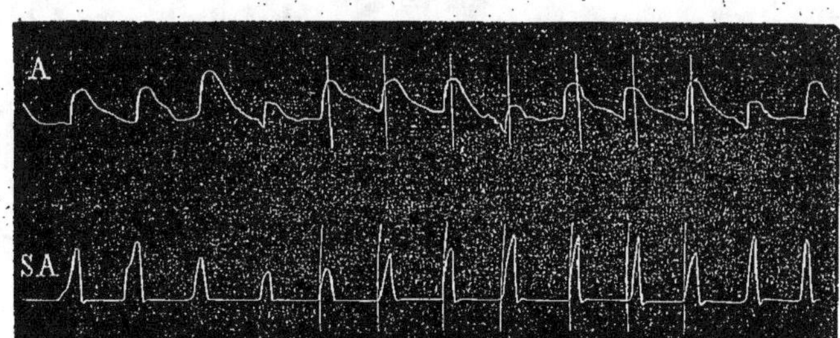

A. Tracé de l'artère crurale.

S. A. tracé indiquant le moment où se produit le second souffle crural.

l'artère crurale, et donne le tracé A, figure 12.
L'embout du stéthoscope est placé sur la même artère, et le signal à air indique (tracé S A) le moment où l'on entend le second souffle crural. Le
moment de ce souffle correspond *à la fin de la diastole artérielle*.

Or, si nous prenons maintenant simultanément
les deux tracés du cœur et de l'artère fig. 13, sur
le même malade, nous voyons que le moment
du second souffle artériel, indiqué par des repères
dans la figure 12, correspond bien, dans la fig. 13
au *moment de la diastole active du cœur*, c'est-à-dire
au second souffle cardiaque.

FIG. 13

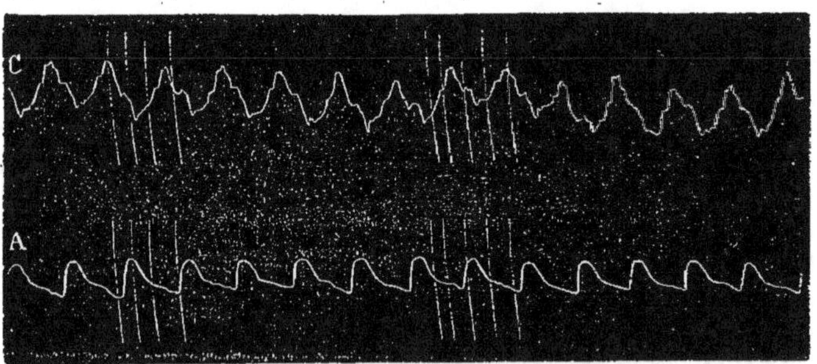

C. Tracé du cœur.
A. Tracé de l'artère crurale

Ces expériences montrent bien que le souffle
artériel a lieu au moment de la diastole cardiaque,

avant la systole artérielle, ce qui détruit à la fois les deux hypothèses du souffle dicrotique et du bruit de reflux, et permet de conclure que le *second souffle crural de l'insuffisance aortique n'est que la propagation du bruit de souffle cardiaque par l'intermédiaire du liquide sanguin.*

Le même appareil peut encore servir à l'auscultation des anévrysmes; j'ai pu ainsi, dans le service de mon regretté maître, le professeur Broca, faire reconnaître l'existence des souffles dans un cas d'anévrysme de la temporale, alors que la tumeur, traitée déjà par l'électrolyse, ne présentait plus aucun battement appréciable au toucher.

Je n'ai pas besoin d'insister sur les services que ce stéthoscope pourrait rendre dans la diagnostic de certaines tumeurs, supposées vasculaires.

Enfin, la possibilité d'éviter toute pression sur les vaisseaux rend ce stéthoscope particulièrement applicable à l'étude des souffles intraveineux.

CHAPITRE SIXIÈME

DE QUELQUES AUTRES APPLICATIONS DU MICRO-TÉLÉPHONE.

DE QUELQUES AUTRES APPLICATIONS DU
MICRO-TÉLÉPHONE

Je n'en aurais jamais fini si je voulais indiquer toutes les applications possibles du microphone. On vient de voir les principales : à elles seules, elles suffisent pour assurer l'existence scientifique de cet instrument. Je me contenterai maintenant de signaler quelques autres indications parmi lesquelles il faut mentionner en première ligne les recherches de Sir H. Thompson, sur le *diagnostic des calculs vésicaux* (1)

L'instrument dont se sert cet habile chirugien se compose d'un catheter ordinaire dans le manche duquel est fixé le microphone.

« Si je frappe, dit M. Thompson, un corps quel-
« conque avec le bec de la sonde, une onde
« sonore se propage à travers le métal de l'instru-

(1) La leçon faite par le Dr H. Thompson, le 4 juin 1878 à University Collège Hospital de Londres, a été rapportée presque en entier dans l'intéressant travait de M. le Dr Giboux, auquel nous empruntons les passages cités ici.

Dr Giboux Loc. cit. p. 22.

« ment et arrive sur ce morceau de charbon qui,
« mobile, reçoit le mouvement et le transmet au
« circuit. Il suffit de toucher la pointe d'une épin-
« gle, l'onde se forme et progresse ; un change-
« ment moléculaire s'effectue dans ce fragment
« de charbon : ici cesse l'onde acoustique qui se
« change en courant électrique capable de repro-
« duire dans un téléphone le son qui a donné lieu
« à cette ondulation. Mais, voyez le côté mysté-
« rieux de l'appareil : bien que l'onde sonore soit
« faible, elle est amplifiée à l'instant même où elle
« devient onde électrique.....

« Voici une vessie artificielle en gutta-percha
« contenant un petit calcul. Vous voudrez bien
« supposer que nous soupçonnons la présence
« dans cette vessie d'un calcul ou d'un fragment
« de pierre que nous y aurions laissé. Avec une
« une sonde ordinaire vous pouvez bien attein-
« dre ce corps ; mais cela ne saurait vous donner
« la certitude de sa présence. Si vous employez
« l'instrument que voici et si vous touchez avec
« cette sonde un calcul, même minime, le télé-
« phone vous le révèlera à l'instant, comme cela
« se passe dans l'expérience que je pratique en
« ce moment sous vos yeux. J'ai déjà expérimenté
« sur le vivant et je regrette de ne pas avoir au-
« jourd'hui le malade à ma disposition. » (1)

(1) MM. Chardin et Prayer construisent des sondes microphoni-

On comprend facilemont l'importance que présente un tel instrument pour la diagnostic des
calculs vésicaux et pour la recherche des projec-
tiles ou des corps étrangers.

Sous le nom de *Dermatophonie*, M. G. Hüter (1)
publia, il y a deux ans dans le Centrablatt un ar-
ticle dans lequel il est question des bruits que l'on
peut percevoir sur la peau du corps humain, tant
à l'aide du microphone qu'au moyen d'un stéthoscope à membrane. Malheureureusement l'auteur
commet une erreur complète en donnant pour
origine de ces bruits le *passage du sang dans les
capillaires de la peau.*

M. Brown-Séquard avait déjà reconnu depuis
longtemps que le bruit rotatoire, sur lequel Collongues a fondé son système de « dynamoscopie »
est dû à l'action musculaire.

Nous avons rapporté plus haut une série d'expériences qui confirment l'opinion du savant professeur du collège de France (voir les expériences des
pages 117 et 118). D'ailleurs en Allemagne même,
on n'a pas tardé à faire justice de la théorie de
Hüter.

ques qui donnent tous les résultats indiqués par le célèbre chirugien
anglais.

    (1) C. Hüter

      « Centrablatt. » nos 51 et 52, 1878.

Le Dr Lewinski (1) rappela que Hering a démontré que l'anémie artificielle n'exerce aucune influence sur le bruit perçu et que, par conséquent, ce *bruit n'a aucun rapport avec la circulation*. En outre, pour bien prouver que le bruit recueilli sur la peau doit reconnaître comme cause l'action des muscles, il institua une série d'expériences très intéressantes : nous rapporterons la suivante qui nous paraît décisive :

L'avant bras et la main sont placés sur une table dans le relâchement musculaire complet; le pouce est soutenu, légèrement élevé, par un petit coussinet. Le dermatophone (stéthoscope à membrane) est approché de l'extrémité du pouce de façon à le toucher légèrement. Dans cette circonstance on ne perçoit aucun bruit. Mais vient-on à retirer le coussinet qui soutenait le pouce, celui-ci, pour conserver sa même position est obligé de mettre en jeu l'activité musculaire, et l'on entend alors le bruit de roulement qui disparait encore, dès qu'on remet le coussinet.

Cette expérience très élégante prouve parfaitement que les bruits perçus à l'extrémité des doigts sont purement musculaires. (Bruit du tonus ou de la contraction).

(1) L. Lewinski.
« Berliner Klin. Wochenschrift » 24 nov. 1879.

Hüter a aussi entrepris des recherches sur la tonalité des sons transmis par le tissu osseux chez
l'homme. « (*Ostéophonie.*) » Il serait parvenu à reconnaître que lorsqu'on percute, avec un marteau,
le cubitus, depuis son extrémité inférieure, jusqu'à
la moitié de sa diaphyse, on obtient une série de
tonalités différentes qui forment une véritable
gamme. « D'après Lücke, ces différences de tonalité
« manquent sur les os désséchés parce que leur tissu
« devient alors si bon conducteur des ondes so-
« nores que les épaisses lamelles corticales de la
« diaphyse transmettent aussi leur propre tonalité
« très basse, lors de la percussion des épiphyses. » (1)

Quelque intéressants que puissent être ces résultats au point de vue purement scientifique, ils
n'ont qu'un rapport très indirect avec notre sujet,
et nous croyons ne pas devoir y insister plus
longuement.

Il n'en est plus de même des applications du
microphone à l'étude *des bruits intra-utérins.*

Plusieurs médecins avaient pensé avec juste raison que le microphone pourrait faciliter l'étude des
bruits du cœur fœtal; leurs tentatives sont restées
infructueuses. Et cela se comprend facilement
quand on réfléchit que les appareils employés ont

(1) Hüter. Loc. Cit.

été tantôt le sphygmophone de Stein, tantôt le microphone à charbon vertical de Hughes. Le premier de ces instruments ne pouvait en effet être ébranlé par des mouvements aussi faibles, transmis à travers les parois de l'utérus et de l'abdomen. Le second, au contraire, beaucoup trop mobile, révélait tous les bruits matériels dont l'intensité empêchait de percevoir ceux du fœtus. Je n'ai pas, pour ma part, d'expériences personnelles sur cette question ; mais je suis persuadé que si les bruits du cœur fœtal peuvent êtré recueillis par le microphone, c'est certainement avec un appareil du genre de celui représenté dans la figure 9 qu'on parviendra à les saisir. Car l'embout d'ivoire peut déprimer la paroi abdominale aussi fortement que le stéthoscope ordinaire, et le microphone ne sera cependant pas influencé par les mouvements que la respiration de la mère imprime à cette paroi.

En remplaçant l'embout d'ivoire par une sonde creuse que l'on introduira dans la cavité utérine, on pourra également entendre le bruit de contraction de ce muscle pendant l'accouchement ou lors de la présence de certaines tumeurs. Les vibrations seront transmises à l'air renfermé dans la sonde et iront à distance actionner la membrane du tambour récepteur sur laquelle repose le microphone. Un certain nombre d'expériences que j'ai faites à ce sujet sur des animaux m'ont donné la preuve que les bruits utérins sont ainsi parfaitement reproduits par le téléphone. Les gynécologistes pourront par conséquent donner place au microphone dans leur arsenal scientifique.

Le lecteur qui aura eu la patience de nous suivre jusqu'au bout pourra tirer lui-même les conclusions des nombreux faits que nous venons d'exposer. Quant à nous, nous restons persuadé que le microphone est appelé à jouer un rôle important dans les recherches physiologiques et dans le diagnostic des maladies. Nous avons vu ce merveilleux instrument, relié au téléphone, révéler les bruits les plus délicats; bien plus, en le faisant agir sur un appareil récepteur spécial, nous avons obtenu l'inscription de quelques-uns de ces bruits.

L'observateur possède donc aujourd'hui un moyen de surprendre les vibrations les plus intimes de l'organisme. Le cœur, les poumons, les vaisseaux, les muscles nous disent leurs secrets à l'oreille, et bientôt, espérons-le, ces confidences, encore si fugitives, viendront s'inscrire sur le papier en signes ineffaçables.

TABLE DES MATIÈRES

Pages

Imp. J. Mayet et Cie, rue St-Désiré, 20, à Lons-le-Saunier.

www.ingramcontent.com/pod-product-compliance
Lightning Source LLC
LaVergne TN
LVHW050050060726
842524LV00003B/729